Beltz Taschenbuch 617

Über dieses Buch:

Äußerer Eindruck und inhaltliche Aussagekraft der Bewerbungsunterlagen entscheiden, ob Sie zum Vorstellungsgespräch eingeladen werden. Sie müssen sich von Ihren zahlreichen Mitbewerbern abheben. Wie Sie das schaffen können, veranschaulichen die Autoren umfassend, Schritt für Schritt. Die eigene Person ist das Produkt, für das Sie eine einzigartige Marketingstrategie ausarbeiten sollten. Der Nutzen, den Sie bieten, muss im Mittelpunkt Ihrer Bewerbung stehen. Mit Hilfe eines Potenzialprofils können Sie Ihre Stärken differenzierter herausarbeiten und Ihre Bewerbungen attraktiver und lebendiger gestalten.

Über die Autoren:

Christoph M. Maier-Stahl, Jg. 1967, Diplompädagoge, Spiel- und Theaterpädagoge, und **Holger Stein**, Jg. 1969, Diplompsychologe, arbeiten seit 1996 in der Erwachsenenbildung als Trainer und Berater mit den Schwerpunkten: Karriere und Bewerbung, Kommunikation, Rhetorik, Mitarbeiterführung und Persönlichkeitsentwicklung. Seit 2003 sind beide Geschäftsführer der KOM² GmbH Agentur für Kompetenzentwicklung.

Christoph M. Maier-Stahl · Holger Stein

Einzigartig bewerben

Wie Sie aus der Bewerbermenge hervorstechen

BELTZ
Taschenbuch

Beltz Taschenbuch 617
2., aktualisierte Auflage 2006
Lektorat: Ingeborg Sachsenmeier

www.beltz.de
Herstellung: Klaus Kaltenberg
Satz: Druckhaus »Thomas Müntzer«, Bad Langensalza
Druck: Druckhaus Beltz, Hemsbach
Umschlaggestaltung: Federico Luci, Odenthal
Umschlagabbildung: Rob Barber © PicturePress, Hamburg
Printed in Germany

ISBN 3-407-22617-9

Inhaltsverzeichnis

Vorwort: Unsere Bewerbungsphilosophie

Eine exzellente Bewerbung spielt auf dem hart umkämpften Arbeitsmarkt eine immer größere Rolle. Dadurch, dass sich mehr Bewerber um weniger Stellen bewerben, entsteht ein hoher Konkurrenzdruck, sodass der zukünftige Arbeitgeber auf eine überdurchschnittlich hohe Anzahl von Bewerbern trifft. Auf eine begehrte Halbtagsstelle gehen oft über 200 Bewerbungen ein. Im anschließenden Auswahlverfahren entscheiden der äußere Eindruck und die inhaltliche Aussagekraft der Bewerbungsunterlagen darüber, ob es zu einem Vorstellungsgespräch oder zu einer Absage kommt.

Bewerben heißt: Werben in eigener Sache. Die eigene Person ist das Produkt, und es gilt, eine individuelle Marketingstrategie auszuarbeiten, die die persönlichen Stärken in den Mittelpunkt stellt. Dabei muss jeder Bewerber von sich und seiner Vorgehensweise überzeugt sein. Bewerben ist also »Einstellungssache«. Es darf weder zu selbstkritisch noch selbstverherrlichend sein, sondern muss so authentisch als möglich erfolgen.

Zu selbstkritisch verfasste Bewerbungsmappen werden die erste Auswahlrunde nicht überstehen. Denn: Warum sollte jemand von mir überzeugt sein, wenn nicht einmal ich selbst es bin.

Selbstverherrlichende Bewerbungsunterlagen dagegen wirken schnell übertrieben und unglaubwürdig. Zudem erhöhen sie die Gefahr, dass im weiteren Verlauf des Personalauswahlprozesses eine offensichtliche Lücke zwischen der schriftlichen Selbstdarstellung und dem Auftreten beziehungsweise den tatsächlichen Stärken des Bewerbers sichtbar wird. Der Bewerber muss sich in seinen Bewerbungsunterlagen wieder finden. Folglich muss eine in Form und Inhalt einzigartige Bewerbung entwickelt werden. Weit reichende Standardisierungen verbieten sich somit von selbst.

Jede Bewerbung wird auf das jeweilige Unternehmen abgestimmt, um ihre Bedeutung und damit auch die Bedeutung des

Unternehmens für den Bewerber hervorzuheben. Im Vordergrund der Bewerbungsaktivität steht nicht der Bewerber, sondern das Unternehmen und die Lösung seiner Probleme, die der Bewerber anbietet. Ähnlich einem erfolgreichen Freelancer, der seine Kunden durch sein Marketing von seiner Dienstleistung überzeugt, muss ein Bewerber durch seine Bewerbungsmappe die Personalentscheider davon überzeugen, dass er die Investition wert ist. Kein Unternehmen wird hohe Personalkosten für einen Mitarbeiter akzeptieren, nur weil dieser dringend eine Stelle braucht. Aber es wird Investitionen tätigen, wenn diese sich auszahlen und ein Nutzen erkennbar ist. Dieser Nutzen muss im Mittelpunkt der Bewerbung stehen.

Aus unserer Sicht heißt Bewerben eine intensive Auseinandersetzung mit sich selbst, die mit einem hohen Arbeits- und Zeitaufwand verbunden ist. Das Erstellen von Bewerbungsunterlagen unterliegt einem ständigen Prozess von Veränderungen, Optimierungen und Anpassungen.

Bewerbungen müssen permanent auf neue Bewerbungssituationen abgestimmt werden. Es gibt nicht »die beste Bewerbung«, die immer wieder verwendet werden könnte. Sondern es gibt viele verschiedene Möglichkeiten, um erfolgreich zu sein. Ein Rezept werden Sie in diesem Buch nicht finden, aber wir möchten auf neue Wege und Möglichkeiten inhaltlicher und grafischer Art aufmerksam machen und Sie ermutigen, das ein oder andere auszuprobieren beziehungsweise zu verändern. Dabei bevorzugen wir eher schlichtes und edles Design sowie innovative Ideen. »Marktschreierische« Aufdringlichkeit und überschäumende Kreativität vermeiden wir.

Unsere Erfahrung hat gezeigt, dass weniger die Anzahl der Bewerbungen als vielmehr deren Qualität für Ihren Erfolg ausschlaggebend ist. Das richtige Motto lautet: Klasse statt Masse! Sorgfältige Vorbereitung und intensive Auseinandersetzung stehen im Gegensatz zu verzweifeltem Aktionismus, der sich nur in der Quantität der Bewerbungen niederschlägt. Abgesehen davon entstehen frustrierende Absagen und unnötige Ausgaben. Investieren Sie lieber in eine bessere Aufmachung Ihrer Bewerbung.

Wie Sie an den bisherigen Ausführungen erkannt haben, ist die Entwicklung und das Verfassen von Bewerbungsunterlagen keine einfache Tätigkeit. Nach dem Studium der Zeitung am Samstagmorgen oder nach der intensiven Recherche in einschlägigen Stellenbörsen im Internet ist es unserer Meinung nach kaum möglich, am Samstagmittag drei oder vier hochwertige Bewerbungen zu entwickeln. Eine gute Bewerbung anzufertigen kostet Zeit und Mühe und dient nicht der kurzfristigen Beruhigung des Gewissens. Nehmen Sie sich also genügend Zeit, an Ihrer Bewerbung zu arbeiten. Wenn Sie nach einer neuen Anstellung suchen, dann ist das Bewerben Ihre Arbeit, der Sie, wie jeder anderen Arbeit auch, viel Zeit und Engagement widmen müssen, um erfolgreich zu sein.

Wir möchten Sie darauf hinweisen, dass unser Hauptanliegen ist, Möglichkeiten zu entwickeln und aufzuzeigen. Auf Grund der Einzigartigkeit jeder Bewerbung ist nicht jeder Tipp für jeden geeignet – Individualität zählt. Nutzen Sie Ihre Kreativität!

Das vorliegende Buch ist ein Arbeitsbuch. Alle in den nachfolgenden Kapiteln aufgeführten Fragen, Übungen und Arbeitsaufgaben sollten von Ihnen möglichst detailliert und schriftlich bearbeitet werden. Dadurch werden Sie gezwungen, Gedankengänge konsequent zu Ende zu führen. Sie erhalten einen Informationspool, den Sie immer wieder zu Rate ziehen können. Zudem erhalten Ihre Vorsätze und Pläne einen verbindlicheren Charakter.

Vertiefende Informationen und weiterführende Übungen stehen Ihnen unter **www.komquadrat.de, www.einzigartig-bewerben.de** oder **www.beltz.de/buecher/einzigartig-bewerben.htm** im Internet zum Download zur Verfügung.

Die Potenzialanalyse

Die eigenen Potenziale finden

In der Vorbereitungsphase seiner Bewerbung sollte jeder Bewerber eine persönliche Potenzialanalyse vornehmen. Für eine effektive Vorgehensweise ist es unerlässlich, seine eigenen Stärken, seine Schwächen und seine Ziele in beruflicher wie in privater Hinsicht genau zu kennen. Dennoch wird die Potenzialanalyse regelmäßig vernachlässigt.

Viele Bewerber gehen davon aus, dass sie ihr persönliches Potenzial ohne weiteres Nachdenken und ohne Methode auf einfachste Weise intuitiv richtig einschätzen können. Meist stellt sich diese Einstellung bei der Formulierung des Anschreibens oder später im alles entscheidenden Vorstellungsgespräch als falsch heraus.

Die Potenzialanalyse müssen Sie ernst nehmen und sie nicht auf eine einfache Stärken- oder Schwächenanalyse herabqualifizieren.

INFO

Unter einer **Potenzialanalyse** versteht man eine Art Inventur, bei der alle persönlich und beruflich relevanten Persönlichkeitseigenschaften, Einstellungen, Erfahrungen, Kenntnisse, Fähigkeiten, Fertigkeiten, Leistungen und Schwächen erfasst und anhand von Beispielen und Situationen belegt werden. Zusätzlich werden im Rahmen der Potenzialanalyse die beruflichen und privaten Ziele erfasst.

Schon wegen ihres Umfanges sollte die Potenzialanalyse schriftlich niedergelegt werden. Sie werden von dieser umfassenden und intensiven Auseinandersetzung mit sich selbst auf jeden Fall profitieren.

Der Nutzen der Potenzialanalyse

»Anders sein als andere!« Die Kombination ihrer speziellen Stärken macht Sie einzigartig. Diese Einzigartigkeit ist der Schlüssel zu Ihrem Erfolg. Nutzen Sie Ihr Potenzialprofil, um Ihr Anschreiben und Ihren Lebenslauf attraktiver und lebendiger zu gestalten!

Der Nutzen einer ausführlichen Potenzialanalyse liegt darin, dass Sie sich zunächst einmal mit Ihren Fähigkeiten, Erfahrungen, Kenntnissen und Leistungen auseinander setzen. Auf dieser Basis können Sie umso genauer Ihre Stärken und Schwächen herausarbeiten. In dieser Auseinandersetzung machen Sie sich Ihre Ziele und Einstellungen bewusst und können damit leichter das Aufgabengebiet finden, das optimal zu Ihnen passt. Nur so können Sie sich in Ihrer angestrebten Tätigkeit wohl fühlen. Darüber hinaus kann eine Potenzialanalyse zu einer Reflexion über sich selbst führen, die möglicherweise für neue positive Veränderungen sorgt.

Berufsrelevante und persönliche Stärken können als eine Art »Nutzenprofil« für das Unternehmen deutlich herausgearbeitet werden. Das »Nutzenprofil« sollte auf jedes Unternehmen und auf jede Stelle neu abgestimmt werden. Das ist notwendig, da jedes Unternehmen seine Mitarbeiter und deren Potenzial als Teil seines Humankapitals ansieht (= Human-Ressource-Management).

Gegenüber Ihren Mitbewerbern, die keine Potenzialanalyse durchgeführt haben, besitzen Sie eindeutige und nachweisbare Vorteile. Sie können Ihre Analyse beim Vorstellungsgespräch auf Abruf sofort überreichen und damit Ihr Anliegen unterstützen. So steht Ihnen ein schlagkräftiger Vorrat an Argumenten zur Verfügung.

Wer seine Stärken nur »ungefähr« kennt, der kann diese seinem zukünftigen Chef auch nur »ungefähr« vermitteln. Arbeiten Sie Ihre Stärken und Schwächen heraus. Denken Sie positiv und pflegen Sie Ihre Stärken! Nur wer seine Stärken ausbaut, der kann diese in einem unverwechselbaren Leistungsprofil nach außen dokumentieren. Wer zu viel über seine vermeintlichen Schwächen nachgrübelt, wirkt unsicher, durchschnittlich und demotiviert sich selbst. Wenn Sie an Ihren Schwächen arbeiten wollen, versuchen Sie, diese gezielt abzubauen oder notfalls zu kaschieren.

Wenn Sie Stellenanzeigen analysieren, können Sie die passenden Angebote und Unternehmen durch den Vergleich mit Ihrem eigenen Anforderungs- und Eignungsprofil leichter finden. Denn in wirtschaftlich schwierigen Zeiten lohnt sich eine Bewerbung nur dann, wenn Sie einen Großteil des Anforderungskatalogs auch wirklich erfüllen. Ihre Potenzialfaktoren füllen Sie anhand konkreter Beispiele oder Situationen mit Leben. Dem Leser bietet sich dadurch ein plastisches, greifbares Bild der eigenen Person, das sich sehr viel besser und tiefer einprägt als Leerformeln und Worthülsen. Ihre Individualität wird dadurch betont, und Sie kommen nicht in die Versuchung, nur eine meistens schlechte Kopie vermeintlich überlegener Bewerber zu werden.

Um sich von der Masse der Mitbewerber abzuheben, empfehlen wir eine intensive Auseinandersetzung mit sich selbst, denn nur so steigern Sie Ihre Attraktivität auf dem Arbeitsmarkt. Mit Hilfe der persönlichen Potenzialanalyse können Sie die formale und persönliche Stärkung Ihrer Individualität problemlos erreichen.

Die Durchführung der Potenzialanalyse

Die ausführliche Potenzialanalyse besteht aus vier Bausteinen. Sie beantworten sich selbst die Fragen nach Ihrer Qualifikation und Ihrer Persönlichkeit, Sie entwerfen eine Zielanalyse und erstellen eine Marktanalyse. Aus den folgenden vier Bausteinen entsteht so Ihre persönliche Potenzialanalyse:

- die Qualifikationsanalyse (Stärken und Schwächen),
- die Persönlichkeitsanalyse (Stärken und Schwächen),
- die Zielanalyse (beruflich und privat) sowie die
- Marktanalyse (Chancen und Risiken).

Seien Sie so ausführlich wie möglich. Lassen Sie nichts aus! Schreiben Sie Ihre Antworten untereinander und ordnen Sie diese den entsprechenden Dokumenten zu, zum Beispiel dem Anschreiben oder dem Lebenslauf.

Die Qualifikationsanalyse

Die Qualifikationsanalyse umfasst die Aufstellung Ihrer beruflichen und fachlichen Voraussetzungen und die bisher von Ihnen erbrachten Leistungen und eingebrachten Erfahrungen.

Berufliche und fachliche Voraussetzungen: Sammeln Sie zuerst Ihre beruflichen und fachlichen Voraussetzungen. Beginnen Sie mit Ihren Schulabschlüssen und arbeiten Sie sich auf diesem Weg über die Ausbildung und das Studium zu Ihrem Beruf vor. Arbeiten Sie dabei sorgfältig und lassen Sie keinen Abschluss und keine Beschäftigung aus, selbst eine, die Ihnen zu gering erscheint. Beschreiben Sie ausführlich Ihre einzelnen Tätigkeiten, Fähigkeiten und Kenntnisse, wie zum Beispiel IT-Kenntnisse, Fertigungssteuerung, Datenbankverwaltung mit EDV, SAP/R3-Kenntnisse, Einführung der Kaizen-Methode oder qualifizierte Kundenberatung.

Besonders wichtig sind Ihre bisherigen Berufserfahrungen. Führen Sie dazu Ihre bisherigen Positionen und Anstellungen aus.

Was haben Sie daraus für Ihr fachliches Wissen und Ihre Persönlichkeit mitgenommen? Legen Sie dar, auf welche Weise Sie sich in Ihrem Fachgebiet auf dem Laufenden halten und wie Sie Ihren Wissensstand aktuell erweitern. Das kann durch Fachzeitschriften, Literatur oder den Besuch von Messen und Symposien geschehen.

Übungsfragen

- Welche Schulabschlüsse haben Sie?
- Haben Sie eine Berufsausbildung absolviert? Wie lautet Ihre genaue Berufsbezeichnung mit Abschluss? IHK- oder HWK-Abschluss? Ist es ein staatlich anerkannter Abschluss?
- Welches Fach haben Sie mit welchen Schwerpunkten studiert? Haben sie Nebenfächer belegt? Wie lautet der Titel Ihrer Abschlussarbeit und wo haben Sie diese verfasst?
- Haben Sie während des Studiums Nebentätigkeiten ausgeübt (zum Beispiel am Lehrstuhl), als Werkstudent gearbeitet, Praktika absolviert oder Ferienjobs gemacht?
- In welchen Berufen und Positionen haben Sie bisher gearbeitet? Schildern Sie Ihre Tätigkeiten.
- Welche PE-Weiterbildungsangebote haben Sie wahrgenommen?

Leistungen und Erfahrungen: Die nächste Auflistung betrifft Ihre beruflichen Leistungen und Erfolge. Rücken Sie Ihre Verdienste ins rechte Licht! Vielleicht haben Sie ein besonderes Projekt durchgeführt oder daran mitgearbeitet? Zum Beispiel an einem Projekt, das zu Kostensenkungen führte und gleichzeitig eine Umsatzsteigerung ermöglichte. Oder es wurde unter Ihrer Federführung eine neue IT-Struktur eingeführt. Beschreiben Sie die Auswirkungen in der Firma. Gibt es Kennzahlen oder Statistiken, die Ihren Geschäfts- oder Verkaufserfolg genau belegen? Auch hier gilt: *Klotzen – nicht kleckern!* Auf dieser Grundlage leiten Sie zu zusätzlichen Leistungen über, die Sie erbringen können. Seien Sie kritisch und kreativ! Beleuchten Sie grell, aber fundiert und gut belegt Ihre eigenen Vorzüge.

Übungsfragen

- Welche beruflichen Leistungen haben sie bisher erbracht?
- Welche Leistungen könnten Sie zusätzlich erbringen?
- Wie unterscheiden sich Ihre Leistungen von anderen Bewerbern?
- Welche geschäftlichen Probleme haben Sie bereits gelöst (Produkte, Kunden, Geschäftsfelder, Projekte, Aufgaben)?
- Welche geschäftlichen Probleme könnten Sie außerdem lösen?
- Lassen sich Ihre Kompetenzen und Verantwortungsbereiche quantifizieren? (Budget, Umsatz, Personal)

Die Persönlichkeitsanalyse

Im zweiten Teil der Potenzialanalyse, der Persönlichkeitsanalyse, beschäftigen Sie sich mit sich selbst. Wie groß ist Ihre Ausdauer, wenn Sie an einem schwierigen Problem arbeiten? Vertagen Sie lieber kurzfristig auf den nächsten Morgen oder sind Sie ein »Wadenbeißer«, der jeden noch so harten Knochen knackt?

Als **erste Regel für die Persönlichkeitsanalyse** gilt: Seien Sie ehrlich gegenüber sich selbst. Machen Sie sich nicht selbst zum Alleskönner, Oberproblemlöser und Supermann. Zu viel Schminke schadet jeder natürlichen Schönheit.

Belegen Sie anhand von realen Begebenheiten in Ihrem beruflichen Alltag Ihre persönlichen Stärken und Schwächen. Das kann bei den ganz kleinen alltäglichen Dingen anfangen. So sind Sie kein »Büro-Morgen-Muffel«, der ohne seinen genau dosierten Morgenkaffee die nächsten Stunden überhaupt nicht ansprechbar ist. Sie tragen Ihre persönlichen Probleme nicht in das Unternehmen hinein, und Ihre Mitarbeiter müssen nicht ängstlich Ihr Mienenspiel analysieren, um Ihre Tagesform einschätzen zu können. Wenn es um die Arbeit im Team geht, wie kommunikationsfähig sind Sie? Fördern Sie Eigeninitiative, vertragen Sie Kritik und sind Sie lernbereit? Können Sie Begeisterung für eine Aufgabe erwecken, und wie steht es um Ihre Entschlussfähigkeit? Weitere Punkte, über die Sie nachdenken sollten, sind zum Beispiel Organisationsfähigkeit, Belastbarkeit, Anpassungsvermögen, Freundlichkeit, Flexibilität, Überzeugungskraft und Aufgeschlossenheit.

Übungsfragen

- Was sind Ihre persönlichen Stärken und Schwächen? Belegen Sie diese anhand von Beispielen.
- Was motiviert Sie?
- Welche Persönlichkeitsmerkmale haben Sie?
- Was für ein Typ sind Sie?
- Können Sie andere Menschen motivieren?
- Welche persönlichen Eigenschaften und Charakterzüge bringen Sie mit?

Erstellen Sie zum Abschluss Ihrer Persönlichkeitsanalyse ein **umfassendes Selbstbild** (s. S. 16f.). Lassen Sie dabei auch Bewertungen von außen einfließen. Zu viel Eigenlob schadet. Wenn Ihr Chef Sie treffend in seiner Beurteilung charakterisierte, so gehört das mit in die Persönlichkeitsanalyse hinein. Wenn Sie den folgenden Fragebogen ausfüllen, dann beachten Sie: Eine Einschätzung auf der Stufe 1 oder 2 bedeutet, dass dieses Persönlichkeitsmerkmal bei Ihnen wenig ausgeprägt ist, die Stufen 3, 4 und 5 weisen auf eine mittlere Ausprägung hin, und die Stufen 6 und 7 verwenden Sie, wenn Sie davon überzeugt sind, dass dieses Merkmal bei Ihnen sehr stark ausgeprägt ist.

Fragebogen »Umfassendes Selbstbild«

Belastbarkeit
Mit Schwierigkeiten und Problemen werde ich gut fertig 1 2 3 4 5 6 7

Impulsivität
Ich handle oft spontan 1 2 3 4 5 6 7

Kompromissbereitschaft
Ich muss nicht immer Recht behalten 1 2 3 4 5 6 7

Hilfsbereitschaft
Wenn jemand Hilfe braucht, helfe ich gern 1 2 3 4 5 6 7

Teamfähigkeit
Ich kann gut mit anderen zusammenarbeiten 1 2 3 4 5 6 7

Ausdauer
Ich kann so lange an einer Arbeit sitzen, bis ich das gewünschte Ergebnis habe 1 2 3 4 5 6 7

Selbstdisziplin
Auch wenn ich eigentlich keine Lust habe, kann ich mich zum Arbeiten zwingen 1 2 3 4 5 6 7

Zielstrebigkeit
Was ich mir vorgenommen habe, versuche ich konsequent zu erreichen 1 2 3 4 5 6 7

Organisationsfähigkeit
Auch bei komplexen Aufgaben kann ich Zeitbedarf und Mitteleinsatz optimal planen 1 2 3 4 5 6 7

Auftreten
Ich habe ein sicheres Auftreten und gute Umgangsformen 1 2 3 4 5 6 7

Selbstbewusstsein
Ich weiß, was ich kann und was ich will 1 2 3 4 5 6 7

Eigeninitiative
Ich setze mir Ziele und verwirkliche sie auch ohne Anstöße von außen 1 2 3 4 5 6 7

Leistungsbereitschaft
Ich habe den Ehrgeiz, auch harten Anforderungen gerecht zu werden 1 2 3 4 5 6 7

Lernbereitschaft
Ich lerne gern Neues dazu
1 2 3 4 5 6 7

Selbstständigkeit
Ich arbeite lieber nach meinen Regeln als nach Anweisungen
1 2 3 4 5 6 7

Auffassungsvermögen
Ich begreife sehr schnell, wenn mir jemand etwas Neues erklärt
1 2 3 4 5 6 7

Kontaktfähigkeit
Es fällt mir leicht, fremde Menschen kennen zu lernen
1 2 3 4 5 6 7

Kritikbereitschaft
Ich lasse mir auch mal sagen, wenn ich etwas falsch gemacht habe
1 2 3 4 5 6 7

Überzeugungskraft
Ich habe in Diskussionen oft treffsichere Argumente, die andere überzeugen
1 2 3 4 5 6 7

Kreativität
Ich habe immer neue Ideen
1 2 3 4 5 6 7

Begeisterungsfähigkeit
Ich kann mich leicht für etwas begeistern
1 2 3 4 5 6 7

Verantwortungsbewusstsein
Wenn man mir Aufgaben überträgt, fühle ich mich diesen verpflichtet
1 2 3 4 5 6 7

Freundlichkeit
Auch in schwierigen Situationen bleibe ich freundlich
1 2 3 4 5 6 7

Loyalität
Ich vertrete Ziele und Maßnahmen, auch wenn sie nicht mit meiner persönlichen Meinung übereinstimmen
1 2 3 4 5 6 7

Aufgeschlossenheit
Ich bin neuen Ideen und fremden Personen gegenüber offen
1 2 3 4 5 6 7

Flexibilität
Ich kann mich schnell auf unterschiedlichste Aufgabengebiete einstellen
1 2 3 4 5 6 7

Diese Einschätzung ist keine Bewertung. Eine hohe »Punktzahl« ist keineswegs immer besser als eine niedrige »Punktzahl«. Eine mit 7 ausgeprägte Kreativität ist in den meisten Fällen sehr nützlich, Steuerberater oder Buchhalter sollten aber nicht zu viel davon haben. Der Begriff »kreative Buchführung« steht normalerweise nicht dafür, den Anforderungen dieses Berufes in besonderem Maße gerecht zu werden. Welche Merkmalsausprägung letztendlich eine gute ist, lässt sich erst in Zusammenhang mit den Anforderungen einer bestimmten Stelle feststellen. Beantworten Sie den Fragebogen und seien Sie unbedingt ehrlich zu sich selbst. Berücksichtigen Sie die Anforderungen Ihrer Wunschposition noch nicht.

Weitere wichtige Fähigkeiten und Eigenschaften, die Sie selbst in den Fragebogen aufnehmen können, sind zum Beispiel: Impulsivität, Kompromissbereitschaft, Selbstsicherheit, Kommunikationsfähigkeit, Risikobereitschaft, Fähigkeit zum Zuhören, Aufgeschlossenheit, Entscheidungsfähigkeit, Kunden- und Dienstleistungsorientierung, Anpassungsvermögen, Freundlichkeit, Zuverlässigkeit, Logik oder analytisches Denken.

Um Ihre Einschätzung abzusichern, halten wir es für sinnvoll, das Selbstbild, das Sie erstellt haben, mit der Einschätzung anderer Personen zu vergleichen, die sie aus dem beruflichem oder privatem Kontext gut kennen. So entsteht Ihr Fremdbild. Analysieren Sie dann, woher die Unterschiede zwischen Selbstbild und Fremdbild kommen können. Warum fühlen Sie sich selbstsicher, wirken nach außen jedoch nicht so? Was können Sie tun, um die Kongruenz Ihres Auftretens zu verbessern und sich damit glaubwürdiger zu präsentieren?

Im Rahmen Ihrer Zielanalyse und der Stellenangebotsanalyse können Sie Ihr persönliches und fachliches Profil mit den Anforderungen Ihrer beruflichen Zielvorstellungen und den Anforderungen der angestrebten Stelle vergleichen. Dadurch werden Sie auf eventuelle Defizite aufmerksam und können diese abbauen, beziehungsweise Sie können gezielt auf das Stellenangebot eingehen.

Arbeitshinweis: Überarbeiten Sie diesen Abschnitt erneut, wenn Sie sich mit dem Kapitel »Berufliche Anforderungen« auseinander gesetzt haben.

Die Zielanalyse

Ganz wichtig ist die Zielanalyse. Ihr künftiger Arbeitgeber will wissen, warum Sie für ihn arbeiten wollen und wohin Sie in seinem Unternehmen eigentlich wollen. Erstellen Sie deshalb Ihre Ziele in einer Soll-Analyse. Unterscheiden Sie dabei in kurz-, mittel- und langfristige Ziele und nach dem Bereich, in dem das Ziel liegt. Beruflich streben Sie die Leitung einer Abteilung an, in Ihrem privaten Leben verlassen die Kinder das Haus und Sie möchten Gitarre spielen lernen. Erstellen Sie eine komplette Sammlung Ihrer Wünsche und Ziele und veranschaulichen Sie diese in einer Tabelle.

Übung

	Kurzfristige Ziele	Mittelfristige Ziele	Langfristige Ziele
Beruflich			
Privat			

Überlegen Sie sich, wofür Sie ganz besonders geeignet sind. Was würden Sie am liebsten machen? Wo können Sie Ihre ganzen Stärken einbringen? **Formulieren Sie Ihre Arbeitsphilosophie!** Was möchten Sie in zehn Jahren erreicht haben und wie möchten Sie es erreicht haben? Wie gelangen Sie dorthin? Entwickeln Sie eine persönliche Zukunftsvision. Wie soll Ihr Leben in der Zukunft aussehen und welchen Stellenwert hat dabei Ihre Berufstätigkeit? Wollen Sie noch einmal mit voller Energie einsteigen oder suchen Sie nur eine ruhige »Hauslehrerstelle«? Bevorzugen Sie den Kundenkontakt oder arbeiten Sie lieber hinter Ihrem Schreibtisch am Computer?

Sind Sie noch mobil? Für die An- und die Rückfahrt müssen Sie täglich mindestens drei Stunden anstrengende Autobahnfahrt auf sich nehmen. Wollen Sie das? Oder sind Sie der gemütliche »Nesthocker«? Käme eine Zweitwohnung in einer anderen Stadt für Sie in Frage?

Übungsfragen

Unterscheiden Sie gleichzeitig zwischen verschiedenen Arten von Zielen (kurz-, mittel- und langfristig erreichbare Ziele) und nach dem Bereich, in dem das Ziel liegt (beruflich, privat).

- In welchem Verhältnis stehen Ihre Ziele zueinander? Gibt es konkurrierende Ziele?
- Wofür wären Sie besonders geeignet? Was würden Sie am liebsten tun?
- Wie lautet Ihre Arbeitsphilosophie?
- Was möchten Sie in zehn Jahren erreicht haben? Wo möchten Sie in zehn Jahren stehen? Entwickeln Sie eine persönliche Zukunftsvision? Wie soll Ihr Leben in Zukunft einmal aussehen?
- Welchen Stellenwert hat Ihre Berufstätigkeit für Sie? Was sind Sie bereit zu geben?
- Wie stellen Sie sich Ihre neue Tätigkeit vor? In welchem zeitlichen Umfang sind Sie bereit zu arbeiten?

Wichtig ist es, sich stets zu hinterfragen: Was will ich und wie komme ich dahin? Wenn Sie bei dieser Frage nicht weiterkommen, dann ist es sinnvoll, einen Coach hinzuziehen, der die richtigen Fragen stellt, Ziele herauskristallisiert und Klarheit schafft.

Klare Ziele sind die Grundvoraussetzung für Ihre Karriere. Ohne feste eigene Ziele können Sie niemanden konkret ansprechen und mit Ihrer Person niemanden überzeugen.

Sprechen Sie bei Ihrer Zielfindung und Zielsetzung auf jeden Fall mit Ihrer Familie. Überprüfen Sie gemeinsam, ob Ihre Lebensziele zusammenpassen oder sich widersprechen. Setzen Sie Prioritäten und verteilen Sie Ihre Ziele möglicherweise zeitlich.

Die Marktanalyse

Berufsplanung: Betrachten Sie jetzt Ihre Angaben, die Sie bei den einzelnen Fragen gemacht haben. Überlegen Sie sich, in welchen Arbeitsbereichen und in welchen Funktionen Sie zusätzlich als »Berufsfremder« arbeiten könnten. Schon durch eine neue Berufsbezeichnung ergeben sich neue Arbeitsfelder. Fallen Ihnen dazu Unternehmen und Firmen ein, bei denen dafür eine Nachfrage besteht? Überlegen Sie, ob Sie sich bei ehemaligen Geschäftspartnern oder Wettbewerbern bewerben wollen! Fertigen Sie eine Liste an.

Verschaffen Sie sich einen Überblick, welche Branchen oder Unternehmen zurzeit expandieren. Könnten Sie mit Ihrer beruflichen Erfahrung dort gefragt sein? Seien Sie sich dabei aber stets über Ihre persönlichen Kriterien hinsichtlich Ihrer Unternehmenswahl bewusst! Wie sollte die Unternehmenskultur aussehen, dass Sie sich dort wohl fühlen? Welches Image wollen und können Sie nach außen vertreten und erfolgreich verkaufen? Greifen Sie dabei auf Ihre schon genannten Wünsche und Ziele aus der Zielanalyse zurück.

Übungsfragen

Erstellen Sie eine Liste der Tätigkeiten, Funktionen, Aufgabenbereiche und Berufsbezeichnungen. Bedenken Sie dabei auch Tätigkeiten, die nicht Ihrer beruflichen Ausbildung entsprechen.

- Welche konkreten Unternehmen und Firmen fallen Ihnen dazu ein?
- Könnten Sie sich innerhalb der Branche, bei ehemaligen Wettbewerbern beziehungsweise Geschäftspartnern (Lieferanten, Kunden, Beratern) bewerben? Bei wem?
- Welche Branchen oder Unternehmen sind derzeit am Markt erfolgreich? Inwiefern sind Ihre Qualifikationen, Erfahrungen und Kenntnisse dort gefragt? Welche Aufgaben könnten Sie dort übernehmen?
- Welche Kriterien legen Sie bei der Unternehmenswahl an? Zum Beispiel Größe, Alter, Unternehmenskultur, Image, Abteilungsgröße, Kollegen und Vorgesetzte.
- Wie stellen Sie sich Ihre neue Tätigkeit vor? Folgende Punkte helfen Ihnen dabei: zeitlicher Umfang, Entfernung, Art des Arbeitsplatzes, Tätigkeitsschwerpunkte.

Beziehungen und Image: Sie leben in einer lebendigen Umwelt, Sie kommunizieren mit Menschen und erhalten von diesen Rückmeldungen, die sich in Ihrem beruflichen Erfolg widerspiegeln. Im besten Falle haben Sie damit in Ihrer ehemaligen Stellung gute Beziehungen, Freundschaften oder sogar ein regelrechtes Netzwerk aufgebaut. Überlegen Sie, zu welchen beruflichen Zielgruppen oder Einzelpersonen Sie einen besonders guten Kontakt aufbauen konnten. Wer würde Ihnen gute Referenzen ausstellen? Das kann Kunden wie Wettbewerber betreffen, es gilt ebenso der einzelne Geschäftspartner wie der Leiter eines ganzen Unternehmens. Darüber hinaus denken Sie auch an Ihren persönlichen Freundeskreis. Ihr Nachbar besitzt vielleicht eine einflussreiche Stellung in einem großen Unternehmen, Ihr Tennispartner verfügt über gute Geschäftsverbindungen ins Ausland?

Übungsfragen

- Zu welchen Zielgruppen hatten Sie besonders gute Beziehungen? Wer würde Ihnen gute Referenzen ausstellen? Zum Beispiel Unternehmen, Kunden, Wettbewerber, Verbände, Geschäftspartner.
- Was trauen andere Ihnen zu?
- Über welche nützlichen Beziehungen verfügen Sie außerdem? Zum Beispiel Bekannte, Verwandte, Freunde, Verein, Nachbarn.

Maßnahmenplan und Contracting

Nachdem Sie die vorangegangenen Abschnitte intensiv durchgearbeitet haben, sind Sie jetzt in der Lage, die notwendigen Konsequenzen für Ihr berufliches Weiterkommen und Ihre Bewerbungsstrategie zu ziehen. Wir empfehlen Ihnen, einen Maßnahmenplan zu erstellen. Achten Sie dabei stets auf eine realistische Einschätzung Ihrer Möglichkeiten. Beantworten Sie zunächst die folgenden Übungsfragen auf der nächsten Seite.

Erstellen Sie jetzt einen präzise terminierten Plan, der genau besagt, wann Sie welche Aktionen durchführen möchten. Wann wollen Sie Informationen über Weiterbildungsangebote im Bereich Busi-

Übungsfragen

- Wie lassen sich Ihre Stärken ausbauen und wie lassen sich die Schwächen beheben?
- Welche Mittel, Kenntnisse und Fähigkeiten brauchen Sie, um Ihr berufliches Ziel zu erreichen?
- Wie und wo können Sie sich die fehlenden Kenntnisse aneignen? Zum Beispiel Weiterbildungsangebote, Kurse, Möglichkeiten der finanziellen Unterstützung.
- Was steht einer Realisierung entgegen? Welche inneren und äußeren Schwierigkeiten und Hindernisse sind zu überwinden?
- Wie sieht eine an den Markt, die Zielgruppe und die eigene Person angepasste ganzheitliche Bewerbungsstrategie aus?
- Wie sollte Ihre Bewerbung inhaltlich und formal gestaltet sein?

ness-Englisch einholen? Wann wollen Sie Ihre Bewerbungsaktion starten? Wann müssen Sie dementsprechend Schreibwaren, Bewerbungsmappen und repräsentative Bewerbungsfotos beschafft haben? Wann möchten Sie mit welchen Bekannten Kontakt aufnehmen, um mit ihnen über Karrieremöglichkeiten zu sprechen? Achten Sie auf ein realistisches Zeitmanagement. Fangen Sie früh genug an und überlasten Sie sich nicht, indem Sie Ihr zeitliches »Korsett« zu eng schnüren.

Achten Sie beim Festlegen Ihrer Maßnahmen auf deren Nachprüfbarkeit. Stellen Sie also keine vagen Vorsätze auf, die auf dem Niveau von Neujahrsvorsätzen bleiben, sondern halten Sie schriftlich ganz eindeutig fest, was Sie wann und wie erledigen. Definieren Sie ebenfalls überprüfbare Erfolgskriterien. »In der zweiten Jahreshälfte möchte ich mein Buchhaltungswissen auf Vordermann bringen« oder »Demnächst will ich mich mit meinen Bewerbungen beschäftigen« sind keine guten Maßnahmen. Ihnen fehlt die genaue Definition. Solche Vorsätze sagen nichts aus. Sie sind zeitlich und inhaltlich unbestimmt. Dadurch entziehen diese sich der Überprüfbarkeit und demotivieren Sie.

Wenn Sie befürchten, dass Sie Ihre guten Absichten bald wieder vergessen haben, dann legen Sie schon jetzt Kontrolltermine fest und beauftragen einen »Projektmanager«, der Sie immer wieder erinnert, motiviert und kontrolliert.

Legen Sie die gerade diskutierten Punkte schriftlich nieder. Zur Arbeitserleichterung können Sie das tabellarisch erledigen. Um Ihrem Plan die letzte Verbindlichkeit zu geben, versehen Sie diesen mit dem Datum und Ihrer Unterschrift. Sie haben jetzt einen Vertrag mit sich selbst geschlossen und sich schriftlich zu dessen Einhaltung verpflichtet. Sie können jederzeit Erledigtes abhaken, Unerledigtes wird sichtbar. So wird es für Sie leichter, Ihre Vorsätze einzuhalten. Nur so überwinden Sie Ihren »inneren Schweinehund«.

Berufliche Anforderungen

Berufliche Handlungskompetenz

Die berufliche Handlungskompetenz setzt sich zusammen aus der Schnittmenge der drei gleich gewichtigen Bereiche **Fachkompetenz**, **Methodenkompetenz** und **Sozialkompetenz**. Diese drei Bereiche werden entscheidend durch die personale Kompetenz ergänzt. Die personale Kompetenz umfasst die Einstellungen und Werthaltungen des Menschen, die sich durch die Herkunft, die Erziehung und das soziale Umfeld entwickelt haben.

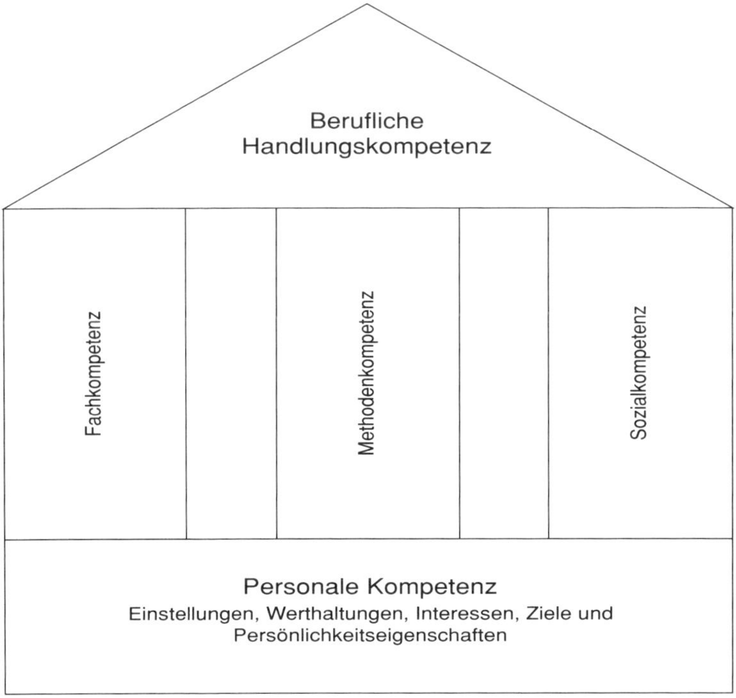

In Stellenangeboten wird die Fachkompetenz anhand von Aufgaben und Fertigkeiten ausgewiesen. Sie gelten als Voraussetzung für Ihre Tätigkeit. Viele Arbeitgeber setzen die Fachkompetenz als selbstverständlich voraus. Methodenkompetenz umfasst die Fähigkeit, Informationen zielgerichtet aufzunehmen, zu verarbeiten und aufzubereiten. Wichtige Methoden sind Präsentation, Moderation, Kreativitätstechniken, Problemlösungsmethoden und die Projektmethode. Ihr gegenüber steht die Sozialkompetenz, die sich unter anderem aus der Teamfähigkeit, der Führungskompetenz, der Kommunikationsfähigkeit, der Konfliktfähigkeit, der Kritikfähigkeit und der Empathie zusammensetzt.

Ein Produktionsleiter in der Fertigung von Holz-Massivhäusern braucht beispielsweise die folgenden Fähigkeiten, Fertigkeiten und Kenntnisse:

- **Fachkompetenz:** Umgang mit Holzbearbeitungsmaschinen, manuelle Holzbearbeitung, Stücklisten erstellen, CAD-Baupläne und Detailzeichnungen anfertigen, Montage der einzelnen Bauteile, Kenntnisse in der Werkstoffkunde.
- **Methodenkompetenz:** Projektmethode zur Abwicklung der Bauaufträge, Kreativitätstechniken, um neue Ideen zu finden, Präsentationstechnik, um einen Bauabschnitt zu präsentieren, Problemlösungsmethoden für Detaillösungen im Innenausbau.
- **Sozialkompetenz:** Führen von Mitarbeitern, Mitarbeiter und Teams motivieren, Kritikfähigkeit gegenüber der Geschäftsführung und den Mitarbeitern, horizontale und vertikale betriebliche Kommunikation, sowohl intern als auch extern, Verständnis für die Sorgen und Probleme der Mitarbeiter, Fähigkeit zum aktiven Zuhören, Integration neuer Mitarbeiter, Konfliktfähigkeit.
- **Personale Kompetenz:** Zuverlässigkeit, Pünktlichkeit, Ehrlichkeit, freundlicher Umgang mit Kunden, persönlicher Einsatz und Leistungsbereitschaft.

Für Personalentscheider werden Methoden- und Sozialkompetenz immer wichtiger: Bewerber müssen zum Unternehmen passen, sich in ein bestehendes Team integrieren können. Stimmt die Einstellung des zukünftigen Mitarbeiters, so werden Defizite in seiner Fachkompetenz in Kauf genommen. Dabei gehen Personalentscheider natürlich davon aus, dass der Bewerber sich in sein neues Betätigungsfeld schnell und selbstständig einarbeiten wird. Je weniger ein Personalentscheider die Fachkompetenz eines Bewerbers beurteilen kann, desto ausgeprägter ist dieses Phänomen.

Je weniger ein Personalentscheider Ihre Fachkompetenz einschätzen kann, desto wichtiger ist es für Sie, ihm gegenüber einen genauen Nachweis über Ihre sozialen und methodischen Fähigkeiten und Fertigkeiten zu führen.

Schlüsselqualifikationen

Aus der Analyse von Stellenanzeigen eines Jahres hat die Dekra-Akademie im Jahr 2000 anhand der Häufigkeit ihrer Nennung die Top-Ten der Schlüsselqualifikationen herausgearbeitet. Daraus lassen sich diejenigen Schlüsselqualifikationen ableiten, die ein Personalentscheider bei Ihnen gezielt nachfragt beziehungsweise überprüft.

1. Teamfähigkeit
2. Englisch
3. Allgemeine Berufserfahrung
4. Engagement
5. Selbstständigkeit
6. Eigeninitiative
7. Kunden-, Dienstleistungsorientierung
8. Flexibilität
9. Mehrjährige Berufspraxis
10. Kommunikationsstärke

Ganz oben in der Top-Ten-Liste steht die **Teamfähigkeit**. Der unnahbare Chef in der Kommandozentrale ist heute nicht mehr gefragt. Der Chef ist selbstverständlich ein Teamplayer, seine Mitarbeiter sind seine Mannschaft, die er motiviert und mit der er gemeinsam Erfolge erzielt. Schwache **Englischkenntnisse** sind nicht mehr zu entschuldigen. Es nützt Ihnen nichts, stolz auf das Abschlusszeugnis eines humanistischen Gymnasiums mit den historischen Fremdsprachen Griechisch und Latein zu verweisen. Sprechen Sie Englisch, dann werden Sie fast überall verstanden.

Wichtig in Ihrer Bewerbung ist Ihre **allgemeine Berufserfahrung.** Haben Sie in Ihrem ehemaligen Unternehmen die Welt gesehen oder sind Sie nur als zuverlässiger Sachbearbeiter hinter Ihrem Schreibtisch gesessen? In welchen Unternehmensabteilungen haben Sie berufliche Erfahrungen gesammelt? Wie haben sich diese Erfahrungen in Ihrem Beruf und in Ihrer Persönlichkeit ausgewirkt?

Ihre Teamfähigkeit, Ihre Englischkenntnisse und Ihre allgemeine Berufserfahrung stehen auf der Liste des Personalentscheiders also ganz oben. Seien sie in diesen Punkten kritisch zu sich selbst, arbeiten Sie an Ihren Defiziten.

Für Ihren neuen Arbeitgeber ist **Engagement** besonders wichtig. »Lahme Schnecken« sind nicht gefragt. Bringen Sie hohe Eigenmotivation mit und können Sie andere motivieren? Ihr bedingungsloses Engagement für Ihr neues Unternehmen wird als selbstverständlich vorausgesetzt und wird auf jeden Fall hinterfragt. Zeigen Sie **Selbstständigkeit** und **Eigeninitiative**! Das heißt, Sie haben neue Ideen und packen Probleme von sich aus an. Sie sind kein bloßer Befehlsempfänger, der erst auf eine Anweisung mit dreifacher Durchschrift von oben wartet. Sie sind ein »Macher«. Sie haben einen Blick für das, was getan werden muss. Wesentliches können Sie von Unwesentlichem unterscheiden. Risikobereitschaft und Entdeckerfreude, aber auch Verantwortungsbewusstsein zeichnen Sie aus.

Auf Rang 7 liegt die **Kunden- und Dienstleistungsorientierung**. Das bedeutet für Sie selbst, dass Sie im Allgemeinen Freude am Umgang mit Ihren Mitmenschen haben und im Speziellen mit Ihren Kunden. Sie wollen ein Produkt oder eine Dienstleistung anbieten und verkaufen. Dieses Ziel vertreten Sie dem Kunden gegenüber sachlich und bestimmt. Darüber hinaus treten Sie freundlich auf, sind zuvorkommend und kooperationsbereit und zeigen dadurch eine professionelle Kundenorientierung. Kundenorientierung bedeutet, auf die Bedürfnisse und Interessen des Kunden einzugehen. Empathie ist dabei von ausschlaggebender Bedeutung.

Sie besitzen selbstverständlich ein gehöriges Maß an **Flexibilität**. Die Zeit der strengen Vorschriften und rigorosen langzeitigen Direktiven ist vorbei. Flexibilität bedeutet das frühzeitige Erkennen von Veränderungen sowie die schnelle und sachangepasste Reaktion darauf. Im Hinblick auf Ihr Produkt oder Ihre Dienstleistung sollten Sie immer am berühmten »Puls der Zeit« sein. Noch besser ist es, Sie sind Ihrer Zeit schon voraus und können deshalb früher als andere reagieren. Seien Sie aber auch nicht zu flexibel! Ihre Mitarbeiter erwarten von Ihnen als Vorgesetzten eine Linie. Sie müssen bis zu einem gewissen Grad einschätzbar sein. Wer alle Stunde eine neue Marschrichtung befiehlt, wirkt konzeptlos, unsicher und erzeugt im Team Unzufriedenheit. Seien Sie realistisch im Hinblick auf Ihre eigenen Fähigkeiten und Erfahrungen. Flexibilität erfordert gerade von Ihnen selbst ein gehöriges Maß an Arbeitsmehraufwand.

Ihre **mehrjährige Berufserfahrung** ist Ihr großes Plus, mit dem Sie uneingeschränkt werben können. Vorteilhaft ist es für Sie, wenn Sie dies auch belegen können. Unter Ihrer Ägide wurde die Produktion auf das Doppelte hochgefahren, das Unternehmen expandierte, und neue Märkte wurden weltweit erschlossen. Zeigen Sie, dass Sie an den Fortschritten aktiv mitgewirkt haben.

Wir leben auf einem globalisierten und technisierten Erdball. Jeder kommuniziert mit jedem über jedes nur mögliche Thema. **Kommunikation** ist Ihre Stärke. Das bedeutet, dass Sie im Gespräch überzeugend wirken. Sie können ein Produkt anpreisen und verkaufen. Mit Ihrer Kommunikationsstärke können Sie Probleme, insbesondere im Team, lösen. Wenn Sie authentisch auftreten, fällt der Umgang mit dem Team leichter. Zeigen Sie keine falsche Technikfeindlichkeit gegenüber dem Internet oder dem Mobiltelefon.

Prägen Sie sich abschließend Ihre Schlüsselqualifikationen ein. Wo liegen Ihre Stärken und Ihre Schwächen? Was können Sie verbessern, was können Sie besonders gut? Die Top-Ten der Schlüsselqualifikationen und die berufliche Handlungskompetenz belegen die hohe Bedeutung der so genannten Soft-Skills im Personalauswahlverfahren.

> Bei annähernd gleicher Fachkompetenz wird im Auswahlverfahren immer der Bewerber ausgewählt, der über bessere Fähigkeiten im sozialen und methodischen Bereich verfügt. Das sollten Sie beim Zusammenstellen Ihrer Bewerbungsunterlagen berücksichtigten. !

Bewerbungsstrategien

Bewerben ist Einstellungssache!

Das größte Problem bei einer guten Bewerbung ist für viele Bewerber nicht die unangenehme Aufgabe, ein tolles Anschreiben zu Papier zu bringen oder das gefürchtete Vorstellungsgespräch zu meistern. Das größte Problem ist vielmehr die eigene Einstellung zur Bewerbung. Wer seine Bewerbung zu leicht nimmt und nicht die notwendige Arbeit investiert, wer zu wenig Selbstsicherheit und ein Übermaß an Selbstkritik mitbringt oder wer nicht vollständig begreift, was es heißt, Werbemaßnahmen in eigener Sache zu ergreifen, hat wenig Chancen auf dem heutigen Arbeitsmarkt.

Was hat eine »BeWerbung« mit Werbung zu tun? – Bewerbungen sind Werbung in eigener Sache, also eine Art Visitenkarte. Mit der Bewerbung vermitteln Sie dem Empfänger einen ersten Eindruck von Ihrer Person. Deshalb gilt es, sich vorteilhaft zu präsentieren. Insofern ist eine Bewerbung durchaus entsprechend den bekannten Gesetzmäßigkeiten aus Marketing und Werbung aufgebaut.

Die aus der Werbebranche stammende AIDA-Formel verdeutlicht kurz und prägnant, welcher Prozess durch Ihre Bewerbung eingeleitet werden soll.

INFO

A Attention: Aufmerksamkeit beim Leser gewinnen.
I Interest: Interesse an der Person wecken.
D Desire: Wunschbildung. Sie muss ich kennen lernen.
A Action: Handlungsaufforderung. Laden Sie mich zu einem persönlichen Gespräch ein.

Attention: Die Aufmerksamkeitsgewinnung hat das Ziel, dem Personalverantwortlichen in komprimierter Form so viel Interessantes über sich mitzuteilen, dass er Ihre Bewerbungsunterlagen nicht zur Seite legt und sich mit der nächsten, konkurrierenden Bewerbung beschäftigt. Die Vorzüge und Qualität der Leistung, die Sie anbieten, müssen ansprechend, attraktiv und nach dem Nutzen-Aspekt präsentiert werden. Natürlich spielen dabei die Aufmachung der Bewerbung und somit der erste Eindruck eine entscheidende Rolle. Die Bewerbungsunterlagen sollten sich formal und inhaltlich von der Masse der Bewerbungen abheben. Dies ist eine schwierige Gratwanderung, gilt es doch zugleich, bestehende Konventionen im Hinblick auf die formale Gestaltung einer Bewerbung einzuhalten.

Interest: Interesse wecken bedeutet, dass in Ihrer Bewerbung Fähigkeiten, Erfahrungen und Leistungen aufgezeigt werden, die für die ausgeschriebene Position und damit für das Unternehmen von Nutzen sein können. Erfolg im Marketing beruht stark auf der Kenntnis der Zielgruppe und ihrer Probleme beziehungsweise ihres Bedarfs. Verfahren Sie daher nach dem Motto: Ich bin der Bewerber, der mit seiner Qualifikation das Problem des Unternehmens lösen kann.

Desire: Bei der Wunschbildung geht es darum, beim Leser der Bewerbung den Wunsch zu wecken, Sie kennen zu lernen, mehr über Ihre Fähigkeiten und Kenntnisse zu erfahren. Das kann vor allem durch eine zielgruppenbezogene Steigerung Ihrer fachlichen und persönlichen Anziehungskraft geschehen. Bieten Sie so ein einzigartiges Nutzenversprechen – Unique Selling Proposition (USP) – für Ihre Zielgruppe an, das an deren Engpass orientiert ist. Berufserfolge, Erfahrungen, Fertigkeiten und Fähigkeiten helfen beispielsweise dabei, Ihre innerbetriebliche und außerbetriebliche Anziehungskraft auf dem Arbeitsmarkt zu steigern. Diese persönliche Anziehungskraft erleichtert bei beruflichen Problemen den Wechsel zu anderen Unternehmen. Sie wirkt somit als soziales Sicherungsnetz.

Action: Eine erfolgreiche Aufforderung zum Handeln bewirkt, dass sie zu einem Vorstellungsgespräch oder einem Assessment-Center eingeladen werden.

Übung

Notieren Sie sich im Rahmen der Vorbereitung eines Bewerbungsschreibens zu jedem der »AIDA-Punkte« einige Stichworte.

Attention: ....

....

Interest: ....

....

Desire: ....

....

Action: ....

....

Mit der Bewerbung wird auf dem Arbeitsmarkt Marketing in eigener Sache betrieben. Auch auf dem Arbeitsmarkt treffen Angebot und Nachfrage aufeinander. Deshalb gelten für »Anbieter« von Arbeits- und Dienstleistungen entsprechende verkäuferische Gesetzmäßigkeiten wie für Anbieter von materiellen Leistungen oder Produkten.

Eine solche Haltung trifft man bei Bewerbern selten an. Einige Bewerber aber haben diese Ideen übertrieben stark verinnerlicht, sodass Sie großspurig und prahlerisch auftreten und damit fast wie das schlimmste Klischee eines Gebrauchtwagenverkäufers wirken.

Tipp: Werbung für die eigene »Ich-AG« zu machen heißt nicht, alles zu können oder so zu tun, als könne man alles.

Viel häufiger aber trifft man Bewerber an, die beispielsweise auf Grund langer Arbeitslosigkeit oder angesichts neuer und komplexer Aufgaben nur wenig Selbstbewusstsein an den Tag legen. Diese Haltung ist nicht nur wenig hilfreich, sondern schlichtweg falsch. Sie haben sich beworben, weil Sie sich den angebotenen Job zutrauen. Sie können also das Problem des ausschreibenden Unternehmens lösen. Das müssen Sie auch ausstrahlen. Bewerben Sie sich nur dann, wenn Sie glauben, die beschriebenen Aufgaben nach gründlicher Einarbeitung bewältigen zu können. Sie ersparen sich selbst und allen Beteiligten Ärger und Enttäuschungen, wenn Sie sich vor Ihrer Bewerbung intensiv mit der Stelle und dem Unternehmen auseinander setzen, bevor Sie Ihre Bewerbung aufsetzen. Wenn Sie das tun, dann haben Sie in der schriftlichen Bewerbung und im Vorstellungsgespräch genügend Argumente, um selbstbewusst, aber mit Understatement, Ihre Eignung darzulegen. Vergleichen Sie dazu auch das Kapitel »Die Potenzialanalyse« (s. S. 10ff.).

Der erste Schritt der Personalauswahl findet bei Ihnen statt! Sie entscheiden, ob Sie für die Stelle grundsätzlich geeignet sind.

Erst der zweite Schritt der Personalauswahl findet im Unternehmen statt! Das Unternehmen entscheidet, wer der am besten geeignete Bewerber ist.

Woher mit der neuen Stelle?

Bewerbungswege

»Sie suchen Arbeit? Dann gehen Sie doch aufs Arbeitsamt!« Oder wie es heute heißen muss zur »Bundesagentur für Arbeit«. Dieser Aussage stimmen wir stirnrunzelnd und nur mit einem unüberzeugten »15-Prozent-Herzen« zu. Das will heißen, dass in Westdeutschland nur 15 Prozent der ausgeschriebenen Arbeitsstellen über die Agenturen für Arbeit vermittelt werden. Was passiert mit den restlichen 85 Prozent? Wie kommen Sie an den dicken großen Restbrocken heran? Das Schaubild auf Seite 33 verdeutlicht die verschiedenen Strategien der Stellenvergabe in Deutschland.

Auf den ersten Blick gehen die Stellensuchenden in Ost- und Westdeutschland getrennte Wege. Die genauere Analyse ergibt aber ein differenzierteres Bild. Die großen Unterschiede ergeben sich nur bei den »klassischen« Bewerbungswegen auf das Zeitungsinserat

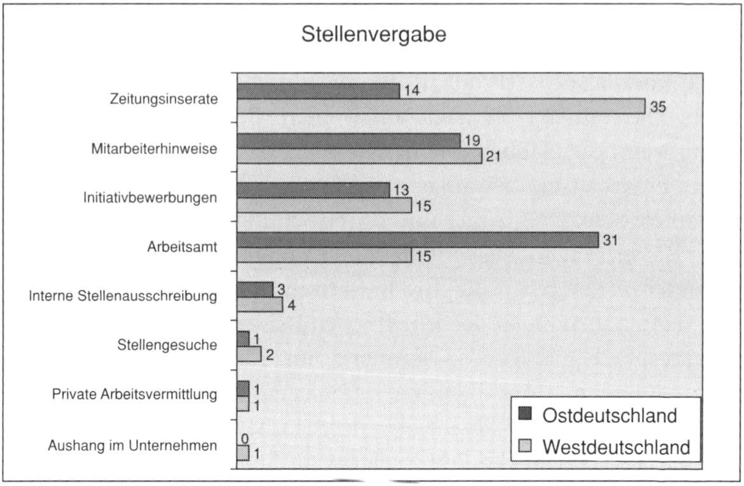

Quelle: Bolles, R.N. (2000): Durchstarten zum Traumjob. Das Bewerbungshandbuch für Ein-, Um- und Aufsteiger. Frankfurt/Main

und über die Agenturen für Arbeit. Während im Westen über 35 Prozent der Bewerber durch den Blick in die Zeitung einen Erfolg erreichen konnten, so fanden dagegen im Osten auf diesem Weg nur 14 Prozent eine neue Arbeitsstätte. Gerade umgekehrt ist das Ergebnis beim Gang zur Agentur für Arbeit. Hier liegen die neuen Bundesländer vorne: 31 Prozent der vergebenen Stellen wurden über die Agenturen vergeben. Im Westen beträgt die Zahl der durch die staatliche Behörde vergebenen Stellen nur die Hälfte.

Denkt der Bewerber nun, er hätte beim Frühstück mit dem schnellen Blick in die Stellenanzeigen oder beim lästigen Gang zur Agentur für Arbeit seine Schuldigkeit gegenüber seinem Gewissen und seinem Kontostand getan, so täuscht er sich hier nur selbst. Das Schaubild zeigt, dass etwa ein Fünftel der übrigen Bewerbungen über Mitarbeiterhinweise und über Initiativbewerbungen erfolgreich ist. Die Initiativbewerbung ist eine »Blind-Bewerbung« bei einem Unternehmen, also eine Bewerbung, ohne dass eine Stellenausschreibung erfolgte. Hier gleichen sich die Zahlen für West- und Ostdeutschland fast an. Die Initiativbewerbung und die Bewerbung durch Mitarbeiterhinweise sind aber im Vergleich zu den oben genannten »klassischen« Bewerbungswegen recht unbequeme und arbeitsaufwändige Methoden. Der Bewerber muss dabei sein »normales« Bewerbungsverhalten ändern, sich in Bewegung setzen und eine verstärkte Eigenaktivität zeigen. Es ist schlichtweg die eigene Initiative gefragt. Jeder Mensch besitzt ein Netzwerk, das er um sich herum aufgebaut hat. Das gilt besonders für das Arbeitsleben. Deshalb hören Sie sich um, sammeln Sie Informationen! Nutzen Sie Ihre Kontakte in Ihrer ehemaligen Firma, beim früheren Wettbewerber oder im Verein. Seien Sie aufmerksam beim Einkauf auf dem Wochenmarkt oder beim Sonntagsbrunch. Wo sich eine Möglichkeit ergibt, zeigen Sie Initiative!

Ein verschwindend geringer Teil der Stellen wird über interne Stellenausschreibungen, Stellengesuche, private Arbeitsvermittler oder über den Aushang in Unternehmen vermittelt. Das Stellengesuch in der Zeitung und der Gang zu einem privaten Arbeitsvermittler sind weitere Alternativen. Sie kosten Geld, und ein sicheres Ergebnis ist nicht abzusehen. Die Aussicht, seinen Traumjob gerade über das Schwarze Brett im anvisierten Unternehmen zu bekommen, ist noch geringer.

Tipp: Ergreifen Sie selbst die Initiative. Verlassen Sie die ausgetretenen Wege. Hören Sie sich um!

Zusammenfassend lässt sich sagen, dass nur ein Drittel aller Stellen auf dem klassischen Weg Inserat beziehungsweise Stellenangebot in einem Printmedium vergeben wird. Wie im Schlaraffenland kommen hier dem Hungrigen die gebratenen Tauben zielsicher entgegengeflogen. Er muss nur noch den Mund öffnen. Die Gesetze des Märchenlandes gelten aber nicht für die Arbeitswelt. Merke: Wer sich nur auf die herbeifliegenden vorgebratenen Tauben konzentriert, verpasst auf jeden Fall das opulente Hauptmahl. Das sind die restlichen zwei Drittel der Stellenangebote. Setzen Sie deshalb verschiedene Strategien auf Ihrem Weg ein. Richten Sie Ihr Augenmerk unbedingt auf Mitarbeiterhinweise und nutzen Sie die spontane Initiativbewerbung.

Die Online-Bewerbung wurde im Schaubild gar nicht berücksichtigt. Nach unserer Erfahrung schreiben viele Unternehmen ihre freien Stellen mittlerweile nur noch im Internet aus. Nutzen Sie das neue Medium! Die Konzerne nutzen ihre Websites nicht mehr nur zur positiven Selbstdarstellung oder als Angebotsplattform für ihre Produkte oder Dienstleistungen. Immer häufiger wird die Möglichkeit des Internetauftritts genutzt, um über die »Karriereseiten« oder »Jobsites« Personal zu rekrutieren.

Fazit: Viele Wege führen nach Rom. Lassen Sie auf dem Weg zu Ihrem neuen Arbeitsplatz nichts unversucht. Schnüffeln Sie ruhig in jede Ecke. Fehler können Sie dabei gar nicht begehen. Und erst, wenn Sie Ihren neuen Arbeitsplatz haben, dann wissen Sie, dass Sie alles richtig gemacht haben. Nutzen Sie deshalb alle Möglichkeiten, sei es die Online-Bewerbung, die Initiativbewerbung oder das Networking zum Beispiel beim Besuch einer Messe.

Bewerbungsstrategie

Unter einer guten Bewerbungsstrategie verstehen wir eine individuelle Auswahl verschiedenster Bewerbungswege, die zur Persönlichkeit, zu Beruf und Branche und zu der Arbeitsmarktsituation passt. Im vorhergehenden Abschnitt wurden verschiedene Bewerbungswege anhand ihrer statistischen Erfolgswahrscheinlichkeit diskutiert. Die folgende Aufzählung stellt eine Zusammenfassung der wichtigsten Bewerbungswege dar, die alle ihre spezifischen Vor- und Nachteile aufweisen.

INFO

Anzeigengestützte Bewerbung
Initiativbewerbung
Kurzbewerbungen
Telefonische Kontaktaufnahme
Persönliches Vorsprechen
Networking
Elektronische Bewerbung (E-Mail und Internet)
Arbeitsverwaltung (SIS)
Professionelle Arbeitsvermittlung und Personalleasing
Firmenaushänge (Werkstor)
Stellengesuche

Übung

Stellen Sie die Vor- und Nachteile der einzelnen Bewerbungswege für Ihre Situation zusammen. Entwickeln Sie Ihre persönliche Bewerbungsstrategie, die besagt, welchen Weg Sie wann und wie beschreiten wollen.

Im weiteren Verlauf dieses Kapitels gehen wir auf die einzelnen Bewerbungswege näher ein.

Angebotsgestützte Bewerbung oder Initiativbewerbung?

In der Praxis sind zwei Bewerbungswege besonders häufig vertreten. Ein großer Teil der Bewerber liest Stellenangebote in Zeitungen und Zeitschriften, um diese zu beantworten. Ein kleinerer Teil der Bewerber wird von sich aus aktiv und stellt sich ohne konkrete Stellenanzeige bei Unternehmen vor. Beide Strategien werden in den folgenden Abschnitten genauer unter die Lupe genommen.

Die angebotsgestützte Bewerbung

Die Bewerbung als Antwort auf ein Stellenangebot eines Unternehmens ist mit Abstand die häufigste Art, sich zu bewerben. Insofern ist es nicht verwunderlich, dass dieser Weg als der »normale« angesehen wird. Wie wir noch sehen werden, kann sich dies als folgenschwerer Irrtum erweisen. Stellenangebote treten in verschiedenen Formen auf, zum Beispiel als Stellenanzeige in einer Zeitung oder im Internet, als interne Stellenausschreibung oder als Aushänge. Der Ablauf einer angebotsgestützten Bewerbung ist immer ähnlich:

- Weil in einem Unternehmen ein akuter Personalbedarf herrscht, wird eine Zeitungsannonce geschaltet.
- Diese Stellenanzeige wird gelesen, und die entsprechenden Bewerbungsunterlagen werden zusammengestellt.

- Aus der Vielzahl der eingegangenen Bewerbungen (oft mehr als 100) kann das Unternehmen die besten Bewerbungen aussortieren. Aus dieser Masse von Bewerbungen herauszutreten ist für den einzelnen Bewerber ziemlich schwer!

Das Verhältnis der Bewerberzahl zur Zahl der offenen Stellen ist für die Bewerber meist ungünstig und verlangt von den Bewerbern in jeder Hinsicht hervorragende Unterlagen.

Obwohl diese Zusammenhänge offensichtlich und leicht nachvollziehbar sind, bedenken das nur wenige Bewerber und stellen sich und ihre Bewerbungsstrategie nicht darauf ein. Über die folgenden Fragen sollte jeder Bewerber gründlich nachdenken, um seine bisherige Bewerbungsstrategie kritisch hinterfragen zu können:

- **Schalten Unternehmen für alle Stellen, die sie zu besetzen haben, Stellenanzeigen? Werden alle offenen Stellen auf irgendeinem Wege öffentlich bekannt gemacht?**
  Stellenanzeigen werden dann geschaltet, wenn ein Unternehmen keinen passenden Kandidaten zur Verfügung hat oder wenn es keine Zeit hat, lange nach einem solchen zu suchen. Unternehmen decken hauptsächlich ihren akuten Personalbedarf mit Hilfe von Stellenanzeigen.
- **Was tun Unternehmen, um ihren mittel- und langfristigen Personalbedarf zu decken? Werden Stellenanzeigen aufgegeben?**
  Der mittel- und der langfristige Personalbedarf muss nicht durch Stellenanzeigen gedeckt werden, da Unternehmen in diesen Fällen frühzeitig wissen, dass Stellen frei werden. Infolgedessen können sie rechtzeitig geeignete Maßnahmen ergreifen. Solange das nur einen kleinen Anteil am Gesamtbedarf ausmacht, ist das für den Bewerber kein Problem.
- **Welche Art des Personalbedarfs macht den größten Anteil aus? Wie sieht die prozentuale Verteilung von kurz-, mittel- und langfristigem Personalbedarf aus?**
  Mit insgesamt 80 Prozent des Gesamtbedarfes macht der mittel- und langfristige Personalbedarf, der kaum über Stellenanzeigen gedeckt wird – deswegen spricht man auch von latentem Bedarf –, den Großteil des Personalbedarfs von Unternehmen aus.

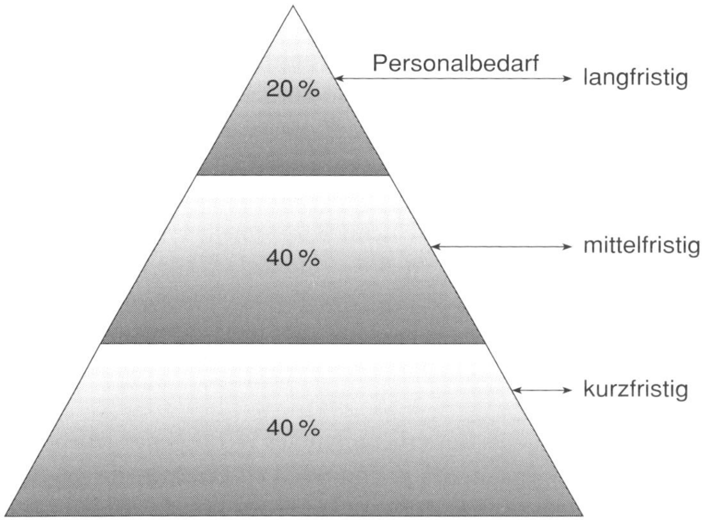

Stellenpyramide

- **Was versteht man unter kurz-, mittel-, und langfristigem Personalbedarf? Woher wissen Unternehmen, wie ein Großteil ihres zukünftigen Personalbedarfes sein wird?**

  Der erste Teil der Frage lässt sich leicht beantworten, indem man vergleicht, wie schnell die offene Stelle wieder besetzt werden soll: »Kurzfristig« bedeutet möglichst schnelle Wiederbesetzung; »mittelfristig« meint, die Stelle wird innerhalb eines halben Jahres wieder besetzt; »langfristig« bedeutet, dass die freie Stelle erst innerhalb des nächsten Jahres besetzt werden muss.

  Viele Personalveränderungen sind Unternehmen lange im Voraus bekannt: Pensionierungen, Beförderungen, Versetzungen, Bundeswehr oder Zivildienst. Zudem können Fluktuations-, Fehlzeiten- und Unfallquoten berechnet werden. Diese können zur Prognose von Personalkapazitätsschwankungen, die ausgeglichen werden müssen, herangezogen werden. Überdies kennen Unternehmen ihre Unternehmens-, Investitions- und Produktionspolitik, sodass sie Veränderungen des Personalbedarfs auf Grund von neuen Produkten, neuen Maschinen oder neuen Produktions- oder Verkaufsstandorten vorhersagen können.

- **Wie reagieren Unternehmen darauf?**
  Natürlich gibt es hier viele Möglichkeiten, sodass nur einige aufgezählt werden können: Viele Unternehmen verfügen über Bewerberdatenbanken, auf die sie zurückgreifen können. Durch interne Suche und langfristige Vorbereitung und Weiterbildung können Mitarbeiter »maßgeschneidert« werden (Personalentwicklung). Über Headhunter, Personalberater und Beziehungsnetzwerke lassen sich sehr schnell informelle Kontakte zu potenziellen Mitarbeitern herstellen.

Das Fazit lautet also: Ein Großteil der frei werdenden Stellen wird niemals öffentlich ausgeschrieben.

- **Wie kann man als Bewerber an dieses verborgene Stellenpotenzial herankommen, das ja immerhin 80 Prozent aller zu besetzenden Stellen ausmacht?**
  Die Antwort auf diese Frage erfahren Sie im folgenden Text.

Die Initiativbewerbung

Unter einer Initiativbewerbung versteht man eine Bewerbung bei einem Unternehmen, das keine aktive Stellensuche über Stellenangebote, Ausschreibungen oder Aushänge betrieben hat. Das heißt, dem Bewerber ist nicht mit Sicherheit bekannt, ob das Unternehmen überhaupt freie Stellen zu besetzen hat. Häufig werden für diese Art von Bewerbung auch Begriffe wie Aktiv- oder Blindbewerbung verwendet. Bezeichnungen wie Initiativ- oder Aktivbewerbung verdeutlichen anschaulich, welche Qualitäten ein solcher Bewerber im Vergleich zu seinen ausschließlich reagierenden Wettbewerbern hat.

Ein Bewerber, der sich nicht auf sein Glück verlassen will und seine Initiativbewerbungen wahllos streut, sollte mit einer intensiven Recherche beginnen. Beim Lesen von politischen und vor allem wirtschaftlichen Nachrichten aller Art und in allen Medien sollten Sie auf Unternehmen achten, denen es »gut geht«. Indizien dafür sind beispielsweise Gewinn- und Marktanteilssteigerung, Umsätze, Dividendenausschüttungen, Großaufträge, Akquisitionen oder auch

Pläne zur Erweiterung der Produktionskapazität, der Produktpalette oder des Vertriebsbereiches; also jede Form des Fortschritts und Wachstums. Bedenken Sie dabei, dass Unternehmen heutzutage durchaus mit Maßnahmen des Stellenabbaus in den Blickpunkt des öffentlichen Interesses gerückt sind und dennoch in einzelnen Bereichen händeringend nach Fachkräften suchen. Wahrscheinlich werden gerade in einer solchen Situation offene Stellen nur zurückhaltend öffentlich bekannt gemacht. Denn wer mag schon gerne erklären, warum er Personal sucht und gleichzeitig Stellen abbaut?

Tipp: Denken Sie auch an Familie, Freunde und Bekannte als Informationsquelle! Vor der Bewerbung lohnt sich zudem eine telefonische Anfrage, um abschätzen zu können, ob sich eine Bewerbung überhaupt lohnt.

Das Zusammenstellen der Bewerbungsunterlagen, wenn keine Stellenanzeige vorliegt, ist sicherlich schwerer als bei der angebotsgestützten Bewerbung. Umso wichtiger ist, es auf möglichst viele Unternehmensinformationen zurückzugreifen. Gehen Sie auf das Unternehmen ein! Hierzu ist mehr als nur seine Adresse nötig.

Ein Bewerber kann somit gezielt mehrere Unternehmen anschreiben, die für ihn in Frage kommen. Er befindet sich in einer wesentlich geringeren Konkurrenzsituation, als das bei einer anzeigengestützten Bewerbung der Fall ist.

Fazit: Es gibt zwar keine Garantie, dass die angeschriebenen Unternehmen offene Stellen haben und dass man als Bewerber alleine auf weiter Flur ist, aber durch ein gezieltes Anschreiben wird das Verhältnis von Bewerbungen und Beschäftigungsmöglichkeiten für die Bewerber günstiger. Die Unterlagen für eine Initiativbewerbung sind für Sie zwar schwieriger zusammenzustellen, aber Ihre Konkurrenz ist kleiner.

Insgesamt sollten Bewerber nicht ausschließlich auf eine der beiden Bewerbungsstrategien vertrauen. Vielmehr sollten Sie versuchen, sich die Vorteile beider Wege zu Nutze zu machen, und eine ausgewogene Doppelstrategie anwenden.

Es spielt keine Rolle, ob Sie sich auf eine Anzeige oder aus eigener Initiative bewerben, Ihre Bewerbung sollte immer individuell zugeschnitten sein. Standardbewerbungen sind nicht aussichtsreich. Überlegen Sie selbst. Welchen von zwei gleich qualifizierten Bewerbern würden Sie wahrscheinlich einstellen? Denjenigen, der sich in seiner Bewerbung als Spezialist für die von Ihnen zu besetzende Position darstellt, oder den, der alle seine Qualifikationen aufzählt, ohne Ihren konkreten Bedarf zu treffen? Da Sie wahrscheinlich auf den ersten Bewerber vertraut haben, sehen wir jetzt, dass auch eine Initiativbewerbung Ihre Stärken und Wünsche genau darstellen muss, um wirkungsvoll zu sein. Eine Initiativbewerbung im Stil »schauen Sie mal, ob Sie etwas Passendes für mich in Ihrem Hause finden« sagt alles und nichts aus und ist damit nicht Erfolg versprechend. Schreiben Sie besser wenige gute Bewerbungen als viele schlechte.

Übung

- Recherchieren Sie innerhalb der nächsten Woche mindestens fünf Unternehmen, denen Sie eine Initiativbewerbung schicken wollen.
- Warum sind diese Unternehmen für Sie attraktiv?
- Wie viele Unternehmen kennen Sie im Umkreis von 50 Kilometern, die für Sie interessant sein können?

Kurzbewerbungen

Bei der Bewerbung auf ein Stellenangebot ist es üblich, sich mit den, zumeist vom Unternehmen geforderten, vollständigen oder aussagekräftigen Bewerbungsunterlagen zu bewerben. Sofern ich als Bewerber weiß, dass meine Bewerbung auf einen konkreten Personalbedarf trifft, ist das Zusammenstellen der Bewerbungsunterlagen kein Problem. Aber wie sieht das aus, wenn Sie als Bewerber gar nicht genau wissen, wem Sie Ihre Unterlagen schicken und ob derjenige wirklich Personalbedarf hat?

Statt vollständiger Bewerbungsunterlagen bietet es sich an, die Kurzbewerbung in Ihre Bewerbungsstrategie aufzunehmen. Eine solche Bewerbung besteht in der Regel aus einem regulären Anschreiben und einem Lebenslauf mit maximal zwei Seiten oder einem Kurzprofil und eventuell einem Bewerbungsfoto. Beides kann in einem normalen Fensterkuvert leicht und kostengünstig verschickt werden. Aufwändige Bewerbungsunterlagen sind bei einer Kurzbewerbung nicht vorgesehen.

Die Kurzbewerbung enthält die Gründe für die Bewerbung, die Gründe für die Eignung des Bewerbers für die Stelle und ist eine Zusammenfassung der für die angestrebte Position wesentlichen Qualifikationsmerkmale eines Bewerbers. Ihre wesentlichen Funktionen sind,

- eine erste »Visitenkarte« des Bewerbers abzugeben,
- sich vorzustellen,
- Interesse am Bewerber zu wecken und
- einen schnellen Überblick über die wichtigsten Schlüsselqualifikationen zu vermitteln.

Sie haben verschiedene Möglichkeiten, Ihre Kurzbewerbung taktisch in Ihre Bewerbungsstrategie einzubinden. Sie dient dazu, Interesse bei dem angeschriebenen Unternehmen zu wecken. Sie soll Appetit auf mehr machen. Wenn das gelingt, können ausführliche Bewerbungsunterlagen nachgereicht werden.

Ihre Kurzbewerbung können Sie im Rahmen einer Initiativbewerbung einsetzen. Zum Beispiel weil Sie sich nicht sicher sind, dass eine passende Stelle frei ist, und Sie deshalb Ihre persönlichen Daten und Dokumente lieber vertraulich behandeln möchten.

Bei elektronischen Bewerbungen per E-Mail sollten Sie genau auf die Größe der angehängten Dateien achten, um keinen unendlich langen Download zu provozieren. Auch in diesem Fall kann es sinnvoll sein, eine Kurzbewerbung per E-Mail zu verschicken, um dann bei Interesse eine ausführliche Bewerbung auf dem Postweg nachzureichen.

Vom formalen Aufbau her empfehlen wir Ihnen, die Kurzbewerbung in Ihrem persönlichen Corporate Design zu halten. Sie schaffen dadurch einen Wiedererkennungseffekt, sobald Sie Ihre ausführlichen Unterlagen nachreichen.

Persönliche Kontaktaufnahme oder Kaltakquisition

Zur persönlichen Kontaktaufnahme stehen Ihnen zwei Wege zur Verfügung. Den Erstkontakt mit Ihrem Wunschunternehmen können Sie telefonisch oder durch persönliches Vorsprechen herstellen.

Telefonische Kontaktaufnahme

Der schnellste Weg, einen ersten Kontakt zu einem potenziellen Arbeitgeber herzustellen, ist sicherlich der Griff zum Telefon. Im Rahmen einer Initiativbewerbung dient die telefonische Kontaktaufnahme vor allem dazu, schon im Vorfeld abzuklären, ob eine ausführliche Bewerbung sinnvoll ist. Wenn Sie sich auf eine Anzeige bewerben möchten, kann ein vorgeschaltetes Telefonat ebenfalls zweckmäßig sein. Sie können auf diesem Weg über das Stellenangebot hinausgehende Informationen einholen. Die telefonische Kontaktaufnahme erfüllt im Wesentlichen folgende Funktionen:

- Ansprechpartner beziehungsweise den Adressaten der schriftlichen Bewerbung zu erfragen,
- zusätzliche Informationen zu gewinnen,
- den Erfolg der Bewerbung abzuschätzen,
- Interesse an der eigenen Person und der Bewerbung zu wecken,
- Interesse am Unternehmen und der Stelle zu demonstrieren,
- Kontakt aufbauen, Widererkennungseffekt ermöglichen.

Zusätzlich entsteht für viele Bewerber der Effekt, dass der Einstieg in das Anschreiben leichter fällt, wenn sie sich auf das Telefonat oder auf Informationen aus dem Telefonat beziehen können.

! Wenn es Ihnen gelingt, schon am Telefon Interesse an Ihrer eigenen Person zu wecken, bedeutet dies einen Vorsprung, der sich in einer besonderen Aufmerksamkeit für Ihre schriftlichen Unterlagen niederschlagen wird. Mangelnde Vorbereitung kann dagegen dazu führen, dass wertvolle Informationen schlecht formuliert, ungeschickt verpackt oder zu einem ungünstigen Zeitpunkt abgegeben werden.

Gesprächsvorbereitung

Ein großes Problem bei der telefonischen Kontaktaufnahme ist es, den richtigen Ansprechpartner zu erreichen. Wer ist der richtige Gesprächspartner? Sitzt dieser in der Personalabteilung, in einer Fachabteilung oder in einer Niederlassung vor Ort? Legen Sie sich schon im Vorfeld zurecht, wie Sie sich am Telefon verhalten.

Tipp: Eigene Fragen und Informationen sollten vor dem Telefonat genau durchdacht und festgelegt werden!

Sammeln Sie schon vor Ihrem Telefonat Informationen über das Unternehmen beziehungsweise die Branche. Auch wenn Sie sich auf eine Anzeige bewerben und auf Grund Ihres Studiums der Anzeige schon einiges Wissen mitbringen, demonstrieren Sie durch Zusatzwissen Ihr Interesse. Wenn Sie es schaffen, Interesse für Ihre Bewerbung zu wecken und sich Ihr Ansprechpartner Zeit für Sie nimmt, dann müssen Sie auf dessen Fragen vorbereitet sein. Gerade dann, wenn Sie ein solches Telefonat als Belastungssituation empfinden, kann es hilfreich sein, Lebenslauf und Zeugnisse bereitzulegen, Ihre persönliche Potenzialanalyse parat zu haben und Ihre Antworten für die wichtigsten Fragen im Vorstellungsgespräch griffbereit zu haben. Natürlich sollten Sie sich so vorbereiten, dass Sie Ihre Antworten nicht ablesen müssen. Die Unterlagen sollten mehr der Beruhigung und moralischen Unterstützung dienen.

Zu Ihrer Gesprächsvorbereitung gehört es auch, Ihre Gesprächsziele schriftlich zu fixieren. Gesprächsziele könnten darin bestehen, bestimmte Informationen zu erhalten, wie einen Adressaten für die schriftliche Bewerbung oder zusätzliche Informationen zum Tätigkeitsgebiet einzuholen. Ein Gesprächsziel wird immer sein, so viel Interesse zu wecken, dass Sie aufgefordert werden, Ihre Bewerbungsmappe zu schicken. Vorsicht: Nicht immer ist diese Aufforderung ein Hinweis auf das Interesse Ihres Gesprächspartners. Oft genug ist genau das Gegenteil der Fall, und man will Sie möglichst schnell loswerden, was erfahrungsgemäß auf diesem Weg am besten klappt.

Notieren Sie sich einige eigene Fragen und Argumente, die über die klassischen Informationen hinausgehen und Ihr Interesse an dem Unternehmen demonstrieren. Wie beim Telefonmarketing sollten Sie sich einen Gesprächsleitfaden zurechtlegen, der kurze »Werbeargumente« beinhaltet. Telefonprofis haben ein solches Gesprächsskript vorbereitet und haben sich damit beschäftigt, wie sie auf die typischen Einwände reagieren können. Es hilft Ihnen, alle wichtigen Fragen zu stellen und wesentliche Informationen für Ihren Gesprächspartner weiterzugeben.

Das Gesprächsskript soll Ihnen zudem eine Hilfe sein, die Reaktionsmöglichkeiten Ihres Gesprächspartners abzuschätzen und wiederum Ihre eigene Reaktion darauf festzulegen. Achten Sie darauf, flexibel auf Ihren Gesprächspartner einzugehen. Lassen Sie sich durch das Gesprächsskript nicht einengen oder zum Ablesen verleiten. Kein Gespräch verläuft genau so, wie Sie es sich wünschen beziehungsweise wie Sie es vorhergesagt haben.

So könnte Ihr Gesprächsskript aufgebaut sein:

INFO

Mein Argument, meine Frage	Reaktionsmöglichkeiten des Gesprächspartners	Eigene Reaktion
1. 2. 3.		

In das Gesprächsskript sollten Sie mögliche Einwände Ihres Gesprächspartners einbauen. Wie würden Sie reagieren, wenn man Ihnen die folgenden Einwände entgegenbringt? Lassen Sie sich abschrecken, entmutigen und aus dem Konzept bringen! Reagieren Sie souverän und haben Sie eine passende Antwort parat.

- *»Ich habe jetzt keine Zeit.«*
  Bieten Sie mindestens zwei andere Gesprächstermine an. Vereinbaren Sie, dass Sie selbst wieder anrufen werden.
- *»Rufen Sie später noch einmal an.«*
  Tun Sie das, aber tun Sie es nicht, ohne eine Uhrzeit vereinbart zu haben. Schlagen Sie dazu zwei neue Termine vor.

- *»Dafür bin ich nicht zuständig.«*
  Fragen Sie nach, wer zuständig ist. Versuchen Sie die Durchwahl des richtigen Gesprächspartners zu erhalten. Das ist besser, als durchgestellt zu werden.
- *»Der Verantwortliche ist gerade in einer Besprechung/in Urlaub.«*
  Im Grunde ist das das Gleiche wie »Ich habe jetzt keine Zeit.«. Bieten Sie neue Gesprächstermine an, zu denen Sie sich nochmals melden.
- *»Fassen Sie sich kurz.«*
  Sehr gut! Ihr Gesprächspartner hört Sie an. Kommen Sie direkt zur Sache, indem Sie ihm sagen, welche Art von Aufgabengebiet Sie suchen und welchen Nutzen Sie dem Unternehmen bieten.
- *»Machen Sie einen Termin mit meiner Sekretärin aus.«*
  Tun Sie das. Aber lassen Sie sich nicht zu lange vertrösten.
- *»Wir haben momentan keinen Bedarf.«*
  Wenn das so ist, dann müssen Sie keine Bewerbungsmappe hinschicken. Aber ist das wirklich so? Prüfen Sie, ob Sie Ihre Flexibilität und Ihre Einsatzmöglichkeiten genau genug dargestellt haben. Wenn bei Ihrem Gesprächspartner ein grundsätzliches Interesse besteht, dann sollten Sie einen neuen Gesprächstermin zum Beispiel im nächsten Quartal vereinbaren oder die Aufnahme Ihrer Unterlagen in die Bewerberkartei anregen. Wenn Sie in diesem Fall Ihre Unterlagen geschickt haben, sollten Sie nach einem angemessenen Zeitraum nachfragen, ob die Unterlagen eingegangen sind, ob noch Informationsbedarf besteht oder ob sich zwischenzeitlich eine neue Situation eingestellt hat.
- *»Können wir Sie zurückrufen?«*
  Natürlich kann man Sie zurückrufen. Hinterlassen Sie zu diesem Zweck Ihre vollständigen Kontaktdaten. Aber vereinbaren Sie auch, dass Sie selbst sich wieder melden werden, nur für den Fall, dass man Sie nicht wieder anruft.

Übung

- Schreiben Sie Ihre Ideen auf.
- Welche weiteren Einwände begegnen Ihnen häufig?
- Wie wollen Sie diesen Ausflüchten in Zukunft begegnen?

Dass ein Gesprächspartner mit Einwänden reagiert, ist verständlich. Immerhin reißt Ihr Anruf ihn aus seiner Tätigkeit heraus. Vielleicht steht sein Telefon schon einige Zeit nicht still. Wenn Ihr Gesprächspartner also etwas unwillig reagiert, so sehen Sie darüber hinweg und bleiben Sie freundlich. Wenn Sie mehr als zwei Einwänden begegnen, dann können sie davon ausgehen, dass Ihr Gesprächspartner momentan tatsächlich kein Interesse hat. Er will dies nicht offen aussprechen, vielleicht um nicht unfreundlich zu erscheinen. Treiben Sie ihn jetzt nicht weiter in die Enge. Bedanken Sie sich für das Gespräch und entscheiden Sie selbst, ob eine Bewerbung sinnvoll ist oder ob Sie es noch einmal telefonisch versuchen wollen.

Treten Sie allen Einwänden freundlich, selbstsicher und souverän entgegen. Versuchen Sie Ihre Gesprächsziele zu erreichen, aber nicht mit Gewalt. Bieten Sie Ihrem Gesprächspartner eine Lösung für dessen Problem an und behalten Sie dabei die Initiative.

Zuletzt sollten Sie sich überlegen, wann der richtige Zeitpunkt für Ihre Telefonaktion ist. Sie müssen einen guten Zeitpunkt für sich selbst und Ihren Gesprächspartner erwischen. Manche Gesprächspartner haben eine Sprechstunde, die sollten Sie herausbekommen. Denn es gibt Zeiten, zu denen wahrscheinlich niemand zu erreichen ist, beispielsweise zu früh am Morgen oder während der Mittagspause. Erfahrungsgemäß sind gute Telefonzeiten Dienstag bis Donnerstag zwischen 10.00 und 12.00 Uhr und ab 14.00 Uhr.

Eine intensive Vorbereitung Ihrer Telefonaktion ist umso wichtiger, je weniger sicher Sie im Umgang mit dem Telefon sind.

Gesprächsführung

Die telefonische Kontaktaufnahme durch Bewerber wird von Personalentscheidern durchaus als Möglichkeit einer persönlichen Begegnung gewertet, die ein Bild der anderen Person vermittelt. Folgende Kriterien spielen bei der Beurteilung des Anrufers eine Rolle:

Aussprache	Auftreten	Inhalt
• Klang und Ton der Stimme • Lautstärke • Artikulation • Modulation • Sprechtempo • Pausen	• Ausdrucksweise, • Sprachstil: Fremdwörter, Fachwörter, Dialekt • Sprachgewandtheit • Stimmung	• Stil • Art und Qualität der Fragen und Antworten • Inhaltliche Verständlichkeit • Sprachlogik, Sinn

Stellen Sie keine Fragen über Sachverhalte, die in der Stellenanzeige bereits beantwortet wurden. Das zeigt nur, dass Sie sich nicht richtig vorbereitet haben. Sie suggerieren wenig Interesse, wenn Sie nicht einmal das Stellenangebot richtig gelesen haben.

Auch wenn Sie der Griff zum Hörer viel Überwindung kostet, Sie können nur gewinnen. Nutzen Sie daher Ihre Chancen.

Literaturtipp: Wenn Sie mehr über das Thema Telefonieren erfahren möchten, dann empfehlen wir Ihnen das Buch von Hanspeter Reiter: Bei Anruf: souverän, schlagfertig und kompetent (2003).

Gesprächsnachbereitung

Ziehen Sie nach jedem »Akquisitionsgespräch« ein Fazit. Fragen Sie sich: »Wie ist das Gespräch gelaufen? Was habe ich gut gemacht? Was ist nicht so gut gelaufen? Was möchte ich beim nächsten Mal anders machen?« Nur wenn Sie sich und Ihr Telefonverhalten ständig überprüfen, können Sie sich verbessern. Planen Sie ständig Ihre nächsten Schritte hinsichtlich Ihrer telefonischen Bewerbungsaktion. Verbessern Sie Ihre Vorbereitung und komplettieren Sie Ihre Einwandbehandlung und Ihr Gesprächsskript, indem Sie Ihre neu gesammelten Erkenntnisse aufnehmen. Sich am Telefon gut präsentieren zu können, erscheint besonders wichtig, wenn man bedenkt, dass die Tätigkeit des Telefonierens in den meisten Berufen nicht wegzudenken ist. Insofern ist jedes Telefonat eine sehr praxisnahe Arbeitsprobe. Diese Chance sollten Sie sich nicht entgehen lassen.

Persönliches Vorsprechen und Firmenkontaktmessen

Die Kontaktaufnahme durch persönliches Vorsprechen verspricht nur in wenigen Ausnahmefällen einen Erfolg. Verbreitet ist diese Vorgehensweise eher im Bereich des Handwerks oder in kleineren Unternehmen. Der große Vorteil dieser Form der Kontaktaufnahme ist zweifellos der, dass sofort ein persönliches Gespräch von Angesicht zu Angesicht stattfinden kann. Ihre Bewerbungsunterlagen sollten Sie dabeihaben, um Sie persönlich übergeben zu können.

In mittleren und großen Unternehmen sowie im Management ist eine solche Vorgehensweise wahrscheinlich wenig aussichtsreich. Oder können Sie sich vorstellen, als angehender Fertigungsleiter mit Ihrer Bewerbungsmappe unter dem Arm bei DaimlerChrysler am Werkstor zu stehen und nach dem Personalchef zu fragen?

Am einfachsten und besten ist diese Form der Kontaktaufnahme noch bei Firmenkontakt- beziehungsweise Recruiting-Messen möglich. Diese Messen werden in der Regel an Hochschulen veranstaltet und dienen den teilnehmenden Unternehmen zur Beschaffung von Nachwuchskräften. Sie versuchen die so genannten High-Potentials schon frühzeitig für das Unternehmen zu interessieren und zum Beispiel durch Praktika, Praxissemester, Werksstudententätigkeiten oder Diplomarbeiten an die Firma zu binden.

Normalerweise präsentieren sich Unternehmen aber nicht nur auf diesen Messen. Zumeist kann man mit Unternehmensvertretern Gesprächstermine vereinbaren, wo die Möglichkeiten eines Einstiegs besser besprochen werden können als in einem Gespräch am Messestand. Auf keinen Fall sollten Sie eine solche Messe unvorbereitet besuchen. Sie werden auf routinierte Fachkräfte stoßen, die nicht einfach nur Ihre Bewerbung entgegennehmen, sondern die Ihnen auch Rede und Antwort stehen und Sie selbst zu Ihren Vorstellungen und Kompetenzen befragen werden. Unabhängig davon, ob Sie nun einen Gesprächtermin haben oder nicht, sollten Sie unbedingt mehrere Exemplare Ihrer Bewerbungsmappe dabeihaben.

Recruiting-Messen werden von unterschiedlichen Organisationen an fast allen Hochschulen und Universitäten in ganz Deutschland veranstaltet; von den Hochschulen selbst, von Studenteninitiativen oder von kommerziellen Anbietern. Dementsprechend unter-

Tipp: Wenn Sie sich im Vorfeld über die teilnehmenden Unternehmen informiert haben, können Sie nicht nur entsprechende Gesprächstermine vereinbaren, sondern auch Ihre Bewerbungen auf den jeweiligen Aussteller zuschneiden!

scheiden sie sich deutlich in ihrer Organisation (anmeldepflichtig oder nicht), in ihrer Ausrichtung, in Art und Anzahl der teilnehmenden Unternehmen oder in ihrem Rahmenprogramm. Auch wenn sich Recruiting-Messen eigentlich an Studenten richten, ist der Zugang normalerweise frei möglich. Nutzen Sie das!

Einen Überblick über Recruiting-Messen erhalten Sie unter **www.komquadrat.de, www.einzigartig-bewerben.de** oder **www.beltz.de/buecher/einzigartig-bewerben.de** im Internet.

Elektronische Bewerbungen

Bei elektronischen Bewerbungen spielen drei wesentliche Punkte eine Rolle: zum einen elektronische Bewerbungen aus der Sicht der Unternehmen, zum anderen aus der Sicht der Bewerber und zu guter Letzt Varianten elektronischer Bewerbungen.

Elektronische Bewerbungen aus der Sicht der Unternehmen

Das Internet hat heute in alle Bereiche des Lebens Einzug gehalten. Besonders in der Wirtschafts- und Arbeitswelt spielt es eine immer größere Rolle. Unternehmen nutzen das Internet, um Daten intern und extern zum Beispiel mit Lieferanten und Kunden auszutauschen. Firmen stellen sich auf Ihren Websites der interessierten Öffentlichkeit wie an einem »Tag der offenen Tür« oder in einem Firmenprospekt vor. Über e-Shops oder auf Handelsplattformen im Internet werden im so genannten e-Business Geschäfte abgewickelt. Darüber hinaus nutzen Unternehmen das Internet zur Unterstützung ihres Personalmanagements.

Die internetgestützte Personalsuche hat für Firmen viele Vorteile. Ohne großen Aufwand ist grundsätzlich jede Zielgruppe schnell erreichbar. Eingehende Bewerbungen können ohne Zeitverlust automatisch erfasst, gespeichert und vorselektiert werden, was sich in einem deutlich reduzierten Personalaufwand niederschlägt. Und bei zukünftigem Personalbedarf kann auf ein Bewerberarchiv zurückgegriffen werden.

Internetgestützt lässt sich auch eine Reihe von Personalauswahlverfahren durchführen, wie zum Beispiel standardisierte Personalfragebogen, Eignungstests, Fallstudienarbeit einzeln oder im Team und Online-Assessments.

Dabei nehmen Unternehmen aber auch einige Risiken beziehungsweise Nachteile in Kauf. Oft sucht nur ein spezifischer Personenkreis per Internet nach einer Stelle. Obwohl das Internet, anders als eine bestimmte Tageszeitung, grundsätzlich von jedem genutzt werden könnte, sind bestimmte Personengruppen der Online-Bewerbung erfahrungsgemäß stärker zugetan. Dazu kommt, dass eine Reihe von EDV-Problemen bei der Bearbeitung von E-Mail-Bewerbungen auftreten kann. Solche Bewerbungen können Viren enthalten oder sich durch inkompatible Dateiformate der Bearbeitung widersetzen. Die Erfahrung zeigt, dass die Möglichkeit, Bewerbungen per E-Mail zu verschicken, viele Bewerber dazu verleitet, ihre Bewerbungsunterlagen mehrfach zu verschicken, ohne diese speziell an den Adressaten und die angestrebte Stelle anzupassen. Bewerbungen sind dann Massenware. Heben Sie sich davon ab: Vielleicht liegt gerade hier Ihre Chance.

Elektronische Bewerbungen aus der Sicht der Bewerber

Elektronische Bewerbungen haben für den Bewerber zahlreiche Vorteile. Im Bedarfsfall ist eine weltweite Stellensuche per Mausklick bequem von zu Hause aus möglich. Die Internetrecherche ist auch für Laien einfach. Man kann ganz spezifisch nach Berufsgruppen und Branchen suchen. Sie haben so ständig ohne Zeitverzögerung eine Vielzahl aktueller Angebote zu Ihrer Verfügung. Sofern Sie über einen Computer mit Internetzugang verfügen, sind die Kosten für Ihre Bewerbung zudem gering.

Viele Stellenbörsen bieten einen großen Serviceteil für Ihre Nutzer mit vielfältigen Informationen rund um das Thema Bewerbung, mit der Aufnahme in eine Bewerberdatenbank oder mit kostenlosen Stellengesuche und eine automatische Benachrichtigung, wenn ein Interessent auf Ihre Bewerbung aufmerksam wird. Letztendlich demonstrieren Sie heute fast selbstverständlich vorausgesetzte EDV-Kenntnisse und ersparen sich geknickte und zerfledderte Bewerbungsunterlagen.

Den Vorteilen stehen einige wenige Nachteile gegenüber. Zur sicheren Nutzung des Internets für die Bewerbung sind eine technische Grundausstattung und einige Übung Voraussetzung. Außerdem ist es für Unternehmen leichter möglich, sensible Bewerberdaten ohne großen Aufwand zu speichern. Nicht unerwähnt bleiben sollte, dass nicht alle Unternehmen gleichermaßen gut auf das Bearbeiten elektronischer Bewerbungen eingestellt sind. Kleine Unternehmen, die nicht speziell aus der IT-Branche stammen, können für Stellensuchende sehr interessant sein, sind in der Praxis aber im Internet unterrepräsentiert. Bisweilen kann es sein, dass die Datensätze nicht sorgfältig gepflegt werden. Mitunter ist die Aktualität der vorhandenen Stellenangebote nicht gewährleistet.

Die Menge der Vorteile, die eine Internetbewerbung für den Stellensuchenden hat, sollte den Ausschlag geben, diesen Bewerbungsweg neben der klassischen anzeigengestützten schriftlichen Bewerbung und der Initiativbewerbung in die Bewerbungsstrategie aufzunehmen. Sie können sich montags auf Stellensuche begeben, wenn es schon lange keine Samstagszeitungen mehr gibt.

Varianten elektronischer Bewerbungen

Internet und E-Mail können auf vielfältige Weise in die Bewerbungsstrategie integriert werden. Das Internet kann wie eine Zeitung als **elektronisches Nachrichtenmedium** verwendet werden. Das heißt, Sie finden dort aktuellste Informationen über alles, was für Ihre Bewerbung relevant ist. Dazu gehören Informationen über die gesamtwirtschaftliche Lage genauso wie Nachrichten zur wirtschaftlichen Lage einzelner interessanter Unternehmen. Im Internet finden Sie Informationen zum Thema Bewerbung, Beispiele für Bewerbungen, Gehaltsinformationen und Stellenangebote.

Internettipp: Die folgenden Adressen sind eine kleine Auswahl von vielen Adressen, die Ihnen Informationen rund um Ihre Bewerbung liefern: **www.evita.de – www.aubi-plus.de /bewerbungstipps** und **www.bildungsserver.de – www.focus.de**

Wenn Sie sich für ein bestimmtes Unternehmen besonders interessieren, dann werden Sie im Internet mit Sicherheit fündig. Hier finden Sie jede Menge Informationen, die Sie für die Vorbereitung einer Bewerbung, zum Beispiel im Anschreiben oder als Vorbereitung auf das Vorstellungsgespräch, verwenden können. Diese Informationen können über verschiedene Quellen angezapft werden:

- Auf der Website des Unternehmens finden Sie neben Stellenangeboten Informationen über das Unternehmen aus erster Hand.
- Einige Job-Suchmaschinen und Stellenbörsen bieten als Zusatzservice Unternehmensinformationen an.
- Wirtschaftsauskunfteien oder Verbände bieten auf ihren Homepages häufig Informationen über Unternehmen beziehungsweise Links zu den entsprechenden Seiten an.

Unternehmen wie zum Beispiel die SAP AG bieten im Karrierebereich ihrer Homepage die Möglichkeit an, einen Personalfragebogen auszufüllen. Damit entfällt für den Bewerber die Notwendigkeit einer ausführlichen schriftlichen Bewerbung. Wenn die Online-Bewerbung auf einen Bedarf des Unternehmens trifft, wird der Bewerber aufgefordert, ausführliche Bewerbungsunterlagen zu schicken, oder er wird direkt zu einem Vorstellungsgespräch eingeladen.

Natürlich können Sie eine eigene Bewerbungshomepage erstellen, die von Interessenten besucht werden kann. Zu diesem Zweck können Sie entweder selbst kreativ aktiv werden oder sich entsprechende Pakete aus dem Internet herunterladen. Eine eigene Bewerbungshomepage kann auf zwei Wegen in die Bewerbungsstrategie eingebunden werden. Zum einen zeigt Ihre Homepage einiges über Ihre EDV-Kenntnisse, speziell Ihre Programmierkenntnisse. Wenn Sie sich im Medien- oder EDV-Bereich bewerben möchten und dort speziell gestalterisch tätig sein möchten, ist die eigene Homepage als Arbeitsprobe ein wertvolles Instrument in Ihrer Bewerbungsstrategie. Ein weiterer Vorteil einer solchen Strategie besteht darin, dass Sie auf elektronischem Wege mehr Möglichkeiten haben, Informationen aufzubereiten, darzustellen und weiterzugeben, als das auf dem klassischen Weg auf Papier möglich ist. Allerdings besteht dabei die Gefahr, dass der Eindruck entsteht, dass durch aufwändige grafische Gestaltung oder Animationen ein Mangel an Handlungskompetenz verborgen werden soll. Tun Sie des Guten nicht zu viel! Ein gravierender Nachteil besteht darin, dass Sie über eine Bewerbungshomepage nicht die Möglichkeit haben, Ihre Bewerbung unternehmensspezifisch anzupassen.

Auch außerhalb des Bereichs der Mediengestaltung kann eine eigene Bewerbungshomepage nützlich sein. Zum Beispiel wenn Sie sich per E-Mail bewerben und darauf verweisen möchten. Bei der E-Mail-Bewerbung bieten sich verschiedene Vorgehensweisen an:

- Eine E-Mail kann als Kurzbewerbung gestaltet werden, um schnell und einfach die Personalbedarfslage des jeweiligen Unternehmens zu eruieren. Sie bieten an, im Bedarfsfall Ihre ausführlichen Bewerbungsunterlagen nachzureichen.
- Als Anlage an ein E-Mail können Sie Ihre ausführlichen Bewerbungsunterlagen verschicken; dadurch wird die E-Mail-Bewerbung zur ausführlichen Bewerbung.
- Wenn Sie über eine eigene Bewerbungshomepage verfügen, können Sie in Ihre Kurzbewerbung per E-Mail einen Link einfügen, der zu Ihrer Bewerbungshomepage führt. Wenn Ihre Kurzbewerbung auf Interesse stößt, ist es für den Leser leicht möglich, sich mit einem Klick ausführlich über Sie zu informieren. Dadurch ersparen Sie sich und dem Adressaten Ihrer Bewerbung den unfreiwilligen Download umfangreicher Anlagen.

Im Internet gibt es eine Reihe unterschiedlicher Stellenbörsen, die Sie wie den Anzeigenteil einer Tageszeitung durchblättern können.

Internettipp: Bei verschiedenen Anbietern, wie zum Beispiel der Bundesagentur für Arbeit und den meisten Stellenbörsen, können Sie, zumeist kostenlos, eigene Stellengesuche schalten. Über die Internetseite www.hier-bewerben.de können Sie Ihr Stellengesuch automatisch in einer Vielzahl verschiedener Stellenbörsen eintragen lassen. Das erspart Ihnen viele Registrierungen und eine Menge einzelner Uploads.

Durch ihre Suchfunktionen sind diese Stellenbörsen wesentlich komfortabler als eine Tageszeitung das sein könnte. Die meisten Stellenbörsen enthalten wesentlich mehr Stellenanzeigen als eine normale Tageszeitung. Zudem ist es möglich, dass in Stellenbörsen schon Stellenangebote enthalten sind, die noch nicht in einer Tageszeitung erschienen sind oder auch nie erscheinen werden. Für eine spezialisierte Recherche können Sie Stellenbörsen ansteuern, die sich auf einzelne Bereiche konzentrieren, sodass Sie eine spezifische Vorauswahl treffen können. Viele Tageszeitungen stellen ihren Lesern als Service ihren Stellenteil der Samstagsausgabe im Internet zur Verfügung. Aber nicht jede Tageszeitung bietet diesen Service kostenlos.

Außerdem gibt es so genannte Metasuchmaschinen, die mehrere Stellenbörsen nach den von Ihnen zuvor angegebenen Kriterien auf passende Stellenangebote hin untersuchen. Das spart Ihnen eine Menge Zeit bei der Recherche.

In Newsgroups, die als Diskussionsforen dienen, können Stellenangebote recherchiert oder Stellengesuche veröffentlicht werden.

Die Prognose, dass das Internet in absehbarer Zeit eine ähnliche Bedeutung wie der Computer haben wird, ist nicht von der Hand zu weisen. Ob dadurch allerdings die schriftliche Bewerbung jemals völlig entfallen wird, ist fraglich. Aber genau wie eine Bewerbung ohne den Einsatz des Computers wird in Zukunft eine Bewerbung ohne die Nutzung des Internets kaum mehr vorstellbar sein.

Vertiefende Informationen zur E-Mail-Bewerbung stehen Ihnen unter **www.komquadrat.de, www.einzigartig-bewerben.de** oder **www.beltz.de/buecher/einzigartig-bewerben.htm** im Internet zum Download zur Verfügung.

Außerdem sollten Sie sich immer bewusst sein, dass eine elektronische Bewerbung eine Arbeitsprobe ist, die heute eine große Aussagekraft für viele Berufe besitzt, die mit modernen Informations- und Kommunikationstechniken, Medien oder Informatik zu tun haben.

Checkliste: Wann ist eine E-Mail-Bewerbung sinnvoll?

Eine E-Mail-Bewerbung empfiehlt sich, ...	Die herkömmliche Bewerbung empfiehlt sich, ...
• nur wenn Sie die persönliche E-Mail-Adresse Ihres Ansprechpartners kennen. • wenn Sie sich in den Bereichen IT, Multimedia oder für kreative Berufe bewerben. • wenn Sie sich in Unternehmen mit hohem Technologiebezug bewerben. • wenn sich das Unternehmen als innovativ und fortschrittlich darstellt. • wenn Sie der Meinung sind, dass Ihnen in Ihrem Berufsfeld eine interaktive beziehungsweise multimediale Arbeitsprobe nützlich ist. • wenn Sie dazu aufgefordert wurden, eine E-Mail-Bewerbung zu schicken. • wenn Sie sich auf ein Stellenangebot aus dem Internet bewerben.	• wenn Sie nur eine allgemeine E-Mail-Adresse (info@..., office@...) haben. • wenn Sie sich in traditionell orientierten Unternehmen mit geringem Technologiebezug bewerben. • wenn Sie sich in einem Berufsfeld bewerben, in dem ein guter Umgang mit den neuen Medien keinen Qualifikationsnachweis darstellt. • wenn Sie aufgefordert wurden, eine Bewerbungsmappe zu schicken. • wenn Sie sicher sein wollen, dass Ihre Unterlagen in dem von Ihnen gestalteten Layout ankommen.

Elektronische Kommunikation sollte eine schnelle Kommunikation sein. Warten Sie also nicht zu lange, ehe Sie sich nach dem Verbleib Ihrer E-Mail erkundigen. Vielleicht wurde sie automatisch gelöscht oder ist verloren gegangen, sodass sie nie bei ihrem Empfänger angekommen ist. Wenn Sie nach einer Woche noch kein Feedback erhalten haben, sollten Sie – besser telefonisch – nachfragen.

Stellenbörsen

Im Internet gibt es verschiedene Quellen für Stellenangebote. An erster Stelle sind die Websites der Unternehmen selbst zu nennen, auf denen offene Stellen aufgelistet sind. Aber nicht jede Firma bietet ein adäquates Stellenangebot für den Suchenden an. Da es sehr umständlich und zeitraubend wäre, die Websites aller Unternehmen nach einem passenden Stellenangebot zu durchsuchen, gibt es einen besseren Weg: **Stellenbörsen**.

Stellenbörsen sammeln offene Stellen verschiedener Unternehmen und sind vergleichbar mit dem Stellenangebotsteil einer Tageszeitung. Diese Sammlungen vereinfachen die Stellensuche durch ihre große Auswahl und ihre Recherchemöglichkeiten ungemein. Nicht jedes Stellenangebot wird in allen Stellenbörsen, auf den Unternehmenswebsites und in Tageszeitungen veröffentlicht. Deswegen empfiehlt sich die Suche in verschiedenen Stellenbörsen, auf Unternehmenshomepages und in der Tagespresse. Um aus der Vielzahl von Stellenbörsen die richtige(n) herausfinden zu können, sollten Sie die verschiedene Typen kennen. Die folgenden Beispiele sind Vorschläge, die Sie durch eigene Recherchen vervollständigen sollten.

INFO

Branchenübergreifende Stellenbörsen	**Branchenspezifische Stellenbörsen**
www.arbeitsagentur.de	*IT-Branche:*
www.worldwidejobs.de	www.stepstone.de/it
www.jobscout24.de (incl. jobs.de)	*Baubranche:*
www.monster.de (incl. Jobpilot)	www.bau.net/inserate/index.htm
www.jobmonitor.de	*Werbebranche:*
www.stellenmarkt.de	www.dasauge.de
www.jobpilot.de	*Hotelbranche:*
www.jobjet.de	www.hotelstellenmarkt.de
www.stepstone.de	*Bankbranche:*
www.persys.de	www.bankjob.de
www.jobware.de	*Industrie:*
www.newjobgeneration.de	www.stepstone.de/pb/de_ind

Stellenbörsen für spezielle Zielgruppen	**Vermittlungsdienste für spezielle Bereiche**
Akademiker: www.careerbase.de *Fach- und Führungskräfte:* www.ffnet.de *Berater:* www.consultants.de *Hochschulabsolventen:* www.alma-mater.de	*Projekte für Freiberufler und Selbstständige aus der IT-Branche:* www.gulp.de *Nebenjobs:* www.nebenjob.de *Praktika, Werkstudententätigkeit und Aushilfsjobs:* www.campus-topline.de

Zwischen den verschiedenen Stellenbörsen und Suchdiensten bestehen Unterschiede in der Größe des Angebots, in der Leistungspalette und im Service. Serviceangebote, die Stellenbörsen über die Stellenrecherche hinaus bieten, sind unter anderem

- kostenlose Newsletter,
- Unternehmensprofile und Bewerbungsinformationen,
- kostenlose Stellengesuche,
- automatische Benachrichtigung bei neuen Angeboten,
- Informationen über Lohn und Gehalt,
- interaktive Bewerbungstests,
- Bewerberberatung per Telefon und E-Mail.

Des Weiteren unterscheiden sich die Stellenbörsen in der Geschwindigkeit des Seitenaufbaus, in ihrem Bedienungskomfort und in der Möglichkeit, detailliert suchen zu können. Unter Umständen ist bei der Aufgabe eines Stellengesuchs eine Registrierung notwendig.

Internettipp: Die Homepage der Bundesagentur für Arbeit, www.arbeitsagentur.de, zeichnet sich durch ein umfangreiches Stellenangebot und eine sehr differenzierte Suchmaske aus. Dies zeigt sich zum Beispiel darin, dass die Suchfunktion bis auf eine Postleitzahl eingeengt werden kann. Andere Stellenbörsen erschweren die Suche dadurch, dass sie nur die Eingabe eines Bundeslandes erlauben. Neben einem breiten Stellenangebot werden umfangreiche Dienstleistungen und aktuelle Informationen bereitgestellt.

Positiv fällt www.jobware.de in Bezug auf ihre regionalen Suchmöglichkeiten auf. Abgesehen davon gibt es Stellenbörsen wie beispielsweise www.jobforum-nord.de, die nur Stellenangebote aus Norddeutschland enthalten. Für Bewerber, die europaweit nach Arbeit suchen, sind die Stellenbörsen www.jobsite.co.uk (englisch) und www.jobnetz24.de (deutsch) empfehlenswert. Die weltweite Suche ermöglicht www.monster.de (deutsch). Leider sind nicht alle Berufsgruppen im Internet gleich stark repräsentiert. Für Akademiker und IT- Spezialisten ist die Auswahl besonders groß.

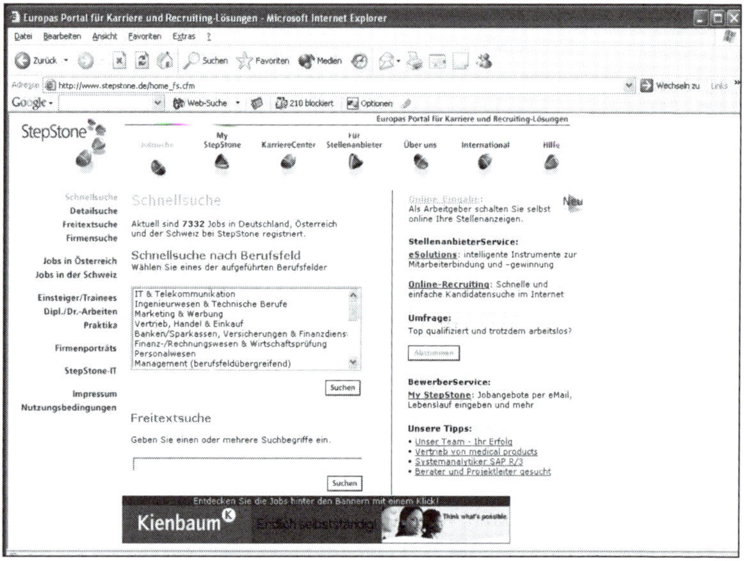

Eingabemaske der bekannten Stellenbörse www.stepstone.de

Fazit: Die Stellensuche im Internet ist eine Möglichkeit, sich erfolgreich zu bewerben. Unter dem Aspekt, dass bei der Internetrecherche lediglich Zeit aufgewendet werden muss und nur minimale Kosten entstehen, sollten Sie von dieser Möglichkeit unbedingt Gebrauch machen. Sie bietet Ihnen je nach Stellenbörse sehr unterschiedliche zusätzliche Angebote und Serviceleistungen. »Surfen« lohnt sich. Wer lieber TV schaut, der findet unter www.jobtv24.de eine Stellenbörse, die auch ein Fernsehprogramm via Satellit ausstrahlt.

Metasuchdienste

Eine im Vergleich zu den bekannten Stellenbörsen wenig diskutierte Form ist der Metasuchdienst. Die Metasuchdienste betreiben keine eigene Stellenbörse, sondern filtern passende Angebote aus mehreren Stellenbörsen heraus und stellen diese zu einer Übersicht zusammen. Metasuchmaschinen suchen die größten Stellenbörsen, Firmen-Homepages und andere Jobsites ab.

Internettipp: Der Metasuchdienst **www.jobrobot.de** durchsucht derzeit fast 80 Jobsites mit momentan circa 123.000 Jobangeboten. Damit ist www.jobrobot.de einer der größten Anbieter.

Gegenüber den Stellenbörsen haben Metasuchdienste den Vorteil, dass sie ein größeres Terrain absuchen. Sie greifen auf mehrere Stellenbörsen gleichzeitig zu und generieren daher eine größere Anzahl von Suchergebnissen in Form von Stellenangeboten. Gegenüber der Stellensuche in einzelnen Stellenbörsen erhalten Sie in kürzerer Zeit eine umfassende Auswahl von Stellenangeboten.

Metasuchmaschinen unterscheiden sich, ebenso wie Stellenbörsen, in ihrem Service, ihrer Benutzerfreundlichkeit und der Größe ihres Angebots beziehungsweise der Anzahl der integrierten Stellenbörsen.

Internettipp: Besuchen Sie die folgenden Seiten, um die Richtigen für Sie herauszufinden.

- **www.jobsafari.de**
- **www.jobrobot.de**
- **www.wwj.de**
- **www.jobs.zeit.de**
- **www.jobworld.evita.de**
- **www.cesar.de**

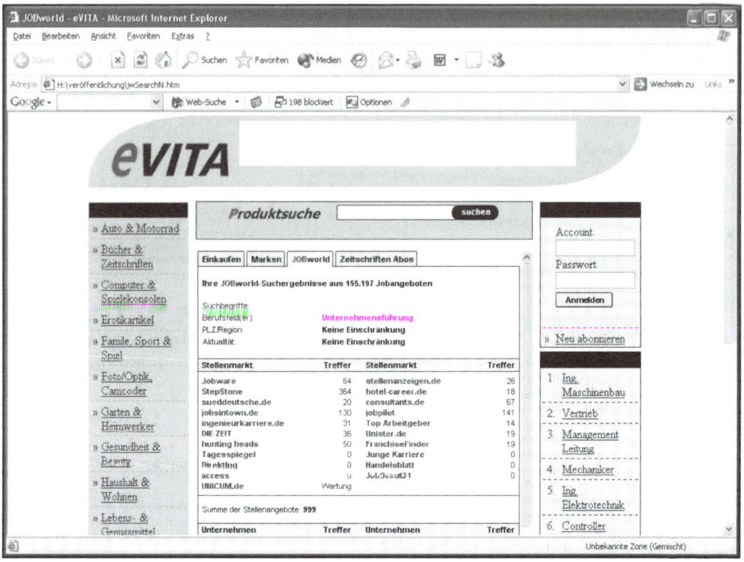

Eingabemaske des Metasuchdienstes www.jobworld.evita.de

Karriereseiten auf Unternehmenswebsites und e-Recruiting

Alle großen und viele mittlere und kleinere Unternehmen präsentieren sich heute im Internet. Viele von ihnen nutzen die Chance, auf ihren Websites die Karrieremöglichkeiten im Unternehmen zu schildern. Unter Rubriken wie »Jobs« oder »Karriere« finden Bewerber alle wesentlichen Informationen und Serviceangebote für Ihre Bewerbung bei dem jeweiligen Unternehmen.

Diese Angebote können offene Stellen, Ansprechpartner, Bewerberdatenbanken, Informationen zu den geforderten Bewerbungsunterlagen oder dem Bewerbungsprozess und auch Online-Auswahlverfahren umfassen. Karriereseiten auf ihren Websites sind für Unternehmen ein Personalbeschaffungs- und -auswahlinstrument, das ihnen vor allem die Vorteile bietet, sehr schnell und kostengünstig reagieren zu können. Zusätzlich kann ein stark automatisierter Rekrutierungsprozess implementiert werden.

Zumindest alle großen Unternehmen haben Karriereseiten, auf denen Sie sich direkt bewerben können: sowohl in Form einer Initiativbewerbung als auch als Antwort auf eine ausgeschriebene Stelle. Zur Standardisierung und damit zur besseren Vergleichbarkeit der Bewerbungen und um einfacher eine Vorauswahl treffen zu können, wird häufig ein Personalfragebogen verwendet. Dieser ist das wichtigste Instrument im Online-Recruiting.

Elektronische Personalfragebögen erfragen normalerweise die gleichen Informationen, die in ihrem Pendant auf Papier gefordert werden. Vergleichbare Angaben machen Sie als Bewerber auch in Ihrem Lebenslauf. Legen Sie sich diesen also bereit, dann erleichtern und verkürzen Sie das Ausfüllen des Fragebogens. In der Regel werden Sie nach persönlichen Angaben, Informationen zu Ausbildung und Studium und zu praktischen Tätigkeiten und Erfahrungen befragt. Darüber hinaus besteht natürlich jederzeit die Möglichkeit, weitere Fragen nach speziellen Angaben zu stellen. Ihre Antworten können Sie auf die meisten Fragen per Mausklick, durch eine Auswahl in einem Listenfeld oder durch eine kurze Texteingabe geben. Nur selten werden offene Fragen gestellt, die Ihnen einen größeren Antwortspielraum lassen.

Ein Nachteil dieses Bewerbungsweges ist, dass Sie heikle Daten Ihrer Karriere wie kurze Firmenzugehörigkeiten, häufige Wechsel oder Zeiten der Beschäftigungslosigkeit meist weder erklären noch kommentieren können. Auf interessante Punkte Ihrer Qualifikation können Sie nur eingeschränkt hinweisen. Die Form der Abfrage lässt Ihnen kaum Spielraum für eine individuelle Darstellung Ihrer Erfahrungen und Qualifikationen. Falls Ihnen die Möglichkeit eingeräumt wird, ein eigenes Dokument an Ihre Online-Bewerbung anzuhängen, sollten Sie diese unbedingt nutzen. Beispielsweise können Sie Ihre Bewerbung durch ein Anschreiben, ein Qualifikationsprofil, ein Persönlichkeitsprofil oder eine kurze Arbeitsprobe individuell gestalten und speziell auf das Unternehmen oder die angestrebte Stelle zuschneiden. Hängen Sie keinen Lebenslauf oder ein anderes Dokument an, das die gleichen Informationen enthält, die Sie gerade in den Personalfragebogen eingegeben haben. Bieten Sie in einem freien Textfeld oder telefonisch an, Ihre ausführlichen Bewerbungsunterlagen nachzureichen.

Nicht immer können Sie Online-Fragebögen ohne weiteres offline ausfüllen. Zum Beispiel können die bereits eingegebenen Daten beim Zurückblättern verloren gehen. Um Kosten zu sparen, drucken Sie am besten die Formulare aus, bereiten Ihre Antworten auf dem Ausdruck vor und gehen erst zum endgültigen Ausfüllen wieder online.

Tipp: Online-Formulare am besten ausdrucken und zunächst auf Papier bearbeiten spart Kosten

Diese Vorgehensweise hat nebenbei noch den Vorteil, dass Sie für die Dokumentation Ihrer Bewerbungsaktivitäten noch wissen, welche Angaben Sie beim Erstkontakt gemacht haben. Zu einem späteren Zeitpunkt, beispielsweise anlässlich einer Einladung zu einem Vorstellungsgespräch, können Sie sich so besser auf dieses Gespräch vorbereiten.

Viele Unternehmen, die mit Ihren Karriereseiten im Internet einen elektronischen Rekrutierungsprozess unterstützen, beschränken sich nicht nur auf einen Personalfragebogen, der online auszufüllen ist. Neben den »harten« Daten aus dem Lebenslauf fragen diese Unternehmen auch weiche Faktoren wie Persönlichkeitseigenschaften, Sozialkompetenzen oder Statements zu Ihrer Arbeitseinstellung ab. Das kann in Form von Skalen oder offenen Fragen geschehen.

Die Screenshots des Personalfragebogens von DaimlerChrysler auf der nächsten Seite finden Sie auf den Seiten vier und fünf. Hier werden Sie aufgefordert, Ihre Fremdsprachenkenntnisse zu bewerten und haben darüber hinaus die Möglichkeit, einige Anmerkungen zu Ihrer Motivation einzufügen. Außerdem können Sie ein Attachment anhängen.

Darüber hinausgehend können interaktive Eignungstests oder Planspiele von den Karriereseiten aus durchgeführt werden (www.allianz.de/start/perspektiven_tests). Diese können sowohl als Einzel- als auch als moderierte Gruppen-Assessments online abgehalten werden. Solche Auswahlverfahren überprüfen, ob die Angaben zu Erfahrungen und Kompetenzen, die im Personalfragebogen gemacht wurden, der realen Leistungsfähigkeit des Bewerbers entsprechen.

Auszüge aus dem Personalfragebogen von DaimlerChrysler

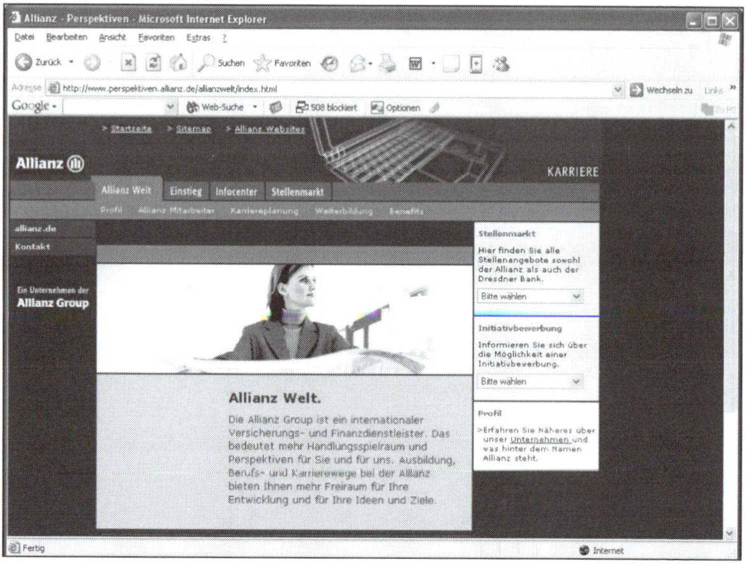

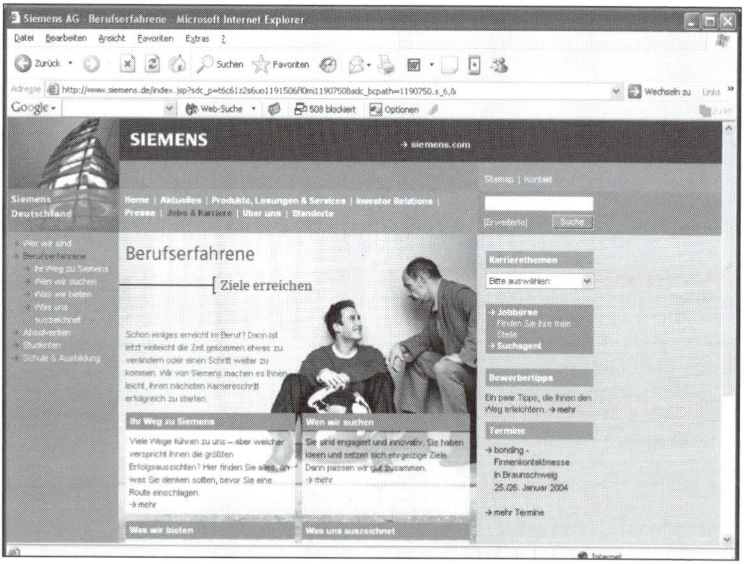

Online-Auswahlverfahren von Allianz und Siemens

Bevor Sie sich für eine Stelle bewerben, die auf den Karriereseiten eines Unternehmens im Internet angeboten wird, sollten Sie sich gründlich informieren.

- Führen Sie eine sorgfältige Stellenangebotsanalyse durch.
- Schauen Sie sich genau an, welche Angaben von Ihnen verlangt werden und wie der Auswahlprozess abläuft. Drucken Sie sich gegebenenfalls die entsprechenden Eingabemasken aus.
- Bereiten Sie alle notwendigen Informationen und Dateien vor und stellen Sie Ihre Bewerbung jetzt zusammen, bevor Sie den Fragebogen online ausfüllen.

Wenn Sie sich auf eine Stellenanzeige bewerben, die nicht in deutscher Sprache gehalten ist, sollten Sie unbedingt Ihre Bewerbung in der jeweiligen Sprache ausführen. Wenn es Ihnen freigestellt ist, offene Fragen in Englisch zu beantworten, sollten Sie von diesem Angebot Gebrauch machen. Voraussetzung ist natürlich, dass Sie der englischen Sprache mächtig sind, was in einem solchen Fall aller Wahrscheinlichkeit nach eine Einstellungsvoraussetzung ist.

INFO

Einige Firmen, wie zum Beispiel die SAP AG, verweisen auf spezielle Stellenbörsen, mit denen sie beim e-Recruting kooperieren. Diese Seiten, hier beispielsweise www.jobstairs.de (Arbeitgeberportal), bieten dann die Stellenangebote eines erlesenen Kreises von Kooperationspartnern mit zum Teil exklusiven Angeboten im Internet an. Die Riege der in Jobstairs vertretenen Unternehmen reicht von AXA, BASF, Bertelsmann, BMW, Deutsche Telekom und Lufthansa, über Porsche, Rewe bis hin zu SAP und Thyssen-Krupp.
Die Seite www.jobscanner.de bietet einen einzigartigen Service. Sie durchsucht die Karriereseiten deutscher Firmenhomepages nach Stellenangeboten.

Persönliche Bewerbungshomepage

Vielleicht stoßen wir beim voreiligen Leser mit diesem Abschnitt auf wenig Gegenliebe, da eine solche Website scheinbar vor allem für besonders »IT-affine« Bewerber in Frage kommt. Das ist aber nur zum Teil richtig. Warum sollte ein Vertriebs- oder ein Marketingleiter seine Aufgeschlossenheit für das – nicht mehr ganz – neue Medium nicht auch auf diesem Wege demonstrieren, selbst wenn er in seiner angestrebten Tätigkeit nicht selbst programmieren muss? Würden Sie diesem Bewerber nicht eher zutrauen, dass er sich für e-Commerce, virtuelle Marktplätze und CRM interessiert, als einem, der ausschließlich auf die klassische Bewerbung vertraut? Gleiches gilt für andere Positionen und Funktionen im Unternehmen, wie zum Beispiel den Produktionsleiter, dem man sein Interesse für CIM, PPS, SCM oder ERP so eher glaubt. Gerade ältere Bewerber können mit einer eigenen Bewerbungshomepage dem weit verbreiteten Vorurteil entgegentreten, nicht mehr auf der Höhe der Zeit zu sein. Wie im Management gilt auch hier, man muss nicht jedes Instrument selbst erstellen können, aber man muss wissen, wie es effektiv eingesetzt werden kann.

Sowohl in einer klassischen »Papier-Bewerbung« als auch in einer Bewerbung per E-Mail können sie auf Ihre Bewerbungshomepage verweisen. Bei der Bewerbung per E-Mail haben Sie dadurch den Vorteil, auf Anlagen verzichten zu können, die lange Downloadzeiten beanspruchen. Außerdem ist eine Bewerbungshomepage mit einem Mausklick erreichbar und damit sehr leserfreundlich. Der größte Nachteil einer Bewerbungshomepage besteht darin, dass sie kaum auf ein bestimmtes Unternehmen oder eine spezielle Stelle zugeschnitten werden kann. Vor allem dann nicht, wenn Sie mehrere Bewerbungen gleichzeitig verschickt haben.

Tipp: Bevor Sie eine Bewerbungshomepage erstellen oder erstellen lassen, sollten Sie sich verschiedene Bewerberhomepages ansehen. Machen Sie eine »Konkurrenzanalyse«. Und machen Sie sich Gedanken zu den Stärken und Schwächen der Websites Ihrer Mitbewerber. Überprüfen Sie, was Ihnen generell an Websites gefällt und was Sie nicht mögen. Achten Sie dabei auf die Funktionalität, Ladezeiten, grafische und inhaltliche Gestaltung und nicht zuletzt auch auf die Navigation. Ihr Hauptaugenmerk muss auf der Frage liegen »Wie sollte ich meine Website gestalten, damit meine Besucher gerne kommen und ihnen ihr Aufenthalt so angenehm wie möglich gemacht wird, damit sie so lange wie möglich bleiben und wiederkommen?«. Erst jetzt können Sie Ihr eigenes Konzept entwickeln.

Wenn Sie zusätzlich zu Ihrer Bewerbungshomepage auch schriftlich Unterlagen in elektronischer oder Papierform verschickt haben, dann sollten sie darauf achten, dass die beiden Elemente Ihrer Bewerbungsstrategie nicht völlig identisch sind. Natürlich müssen die wichtigen Informationen zu Ihrer Qualifikation und Ihren Stärken in allen Unterlagen zu finden sein. Darüber hinaus kann Ihre Homepage andere beziehungsweise zusätzliche Elemente aufweisen. Zum Beispiel indem Sie die Möglichkeiten der interaktiven Gestaltung und des Multimediaeinsatzes nutzen.

Vertiefende Informationen zum Erstellen einer Bewerberhomepage stehen Ihnen unter **www.komquadrat.de, www.einzigartig-bewerben.de** oder **www.beltz.de/buecher/einzigartig-bewerben.htm** im Internet zum Download zur Verfügung.

Networking

Networking kann man auch als »**Lobbyarbeit in eigener Sache**« bezeichnen. Sie entwickeln Ihre eigene Lobby und arbeiten für sich selbst und damit für Ihre weitere berufliche Karriere. Die Methode? Es geht um das Knüpfen von Kontakten und das Pflegen und Nutzen von Beziehungen. Das funktioniert im besten Falle nach dem Schneeballsystem: Auf eine kleine Anfrage kommt ein ganz wichtiger Tipp oder eine wichtige Kontaktaufnahme für Sie zurück.

Die erste Regel für das Networking lautet: »Sammle früh, dann hast du in der Not!« Das heißt: Wer sich erst ein Netzwerk aufbaut oder eines aufsucht, wenn er in Not ist, der kommt meist zu spät. Mit guten Beziehungen ist es wie mit Aktien: Nach einer langfristigen Planung kommt die kluge Investition und dann die gute Ernte.

Die Spielregeln des Networking

Erfolgreiches Networking ist »ein Spiel vom Geben und Nehmen«. Oft müssen Sie dabei in Vorleistung treten. Übernehmen Sie selbst die Initiative und achten Sie auf Kontinuität. Nur einmal jemanden kurz anrufen reicht nicht. Sorgen Sie selbst für Gelegenheiten, gesehen und gehört zu werden. Seien Sie präsent! Das Prinzip des Gebens und Nehmens setzt nicht sofort ein, sondern basiert auf einem allmählichen Aufbau von Vertrauen. Bleiben Sie danach immer am Ball und halten Sie Ihre Kontakte am Laufen. Das einfache »Danke schön« ist immer ein gutes Mittel. Sie bedanken sich für einen guten Tipp und geben Rückmeldung, wie er Sie weitergebracht hat.

Sie haben ein Ziel vor Augen. In diesem Fall: Ihre neue Arbeitsstelle bei einem großen internationalen Unternehmen. Aber wie das große Ziel erreichen? Als Nächstes planen Sie die notwendigen Multiplikatoren ein, die Ihnen bei der Durchsetzung Ihres Plans helfen können. Multiplikatoren sind Personen, Kollegen oder ehemalige Wettbewerber, mit deren Informationen und Hilfe Sie in Ihrer neuen Karriere weiterkommen können.

Meistens haben Sie Ihre Entscheidung schon getroffen, in welchem Unternehmen oder in welcher Branche Sie gerne arbeiten möchten. Im nächsten Schritt überlegen Sie sich, wen Sie dort persönlich kennen oder wen Sie kennen, der wiederum einen weiteren Kontakt zu einer dritten Person herstellen kann. Wenn Sie hier konsequent genug nachdenken, gibt es immer eine Möglichkeit, einen Kontakt herzustellen oder aufzubauen. Ein weiterer wichtiger Punkt ist es, diesen Prozess als einen gegenseitigen zu betrachten. Überlegen Sie sich, wie Sie sich in Zukunft einmal revanchieren können. Nur ein ausgewogenes Verhältnis hat auf Dauer Bestand.

Jeder Berufsanfänger muss sich im Klaren darüber sein, dass niemand für sich alleine Karriere machen kann. Für einen schnellen Alleingang sind die Strukturen in modernen Unternehmen zu kompliziert aufgebaut und führen zu vielen gegenseitigen Abhängigkeiten. Viele meinen, sich alleine »durchbeißen« und »durchwurschteln« zu müssen. Alleingänge sind unproduktiv und unzeitgemäß. Häufig fehlt einfach die Zeit, sich in ein Thema gründlich einzuarbeiten. Konzentrieren Sie sich auf die Dinge, in denen Sie sicher sind, und nutzen Sie zusätzlich die Erfahrung und das Wissen Ihrer Kollegen.

Beginnen Sie möglichst früh, sich ein Netzwerk für die Zukunft zu schaffen. Den Anfang machen Sie am besten bereits im Studium, denn gerade in der Anonymität der Massenhochschulen ist es unerlässlich, sich durch verschiedene Mittel bei seinen Professoren bekannt zu machen. Das kann durch Seminarteilnahme, das freiwillige Melden zu Hiwi- oder Tutorenstellen oder einfach durch engere Kontakte zu den Dozenten erfolgen. Eine falsche Scheu ist fehl am Platz.

Tipp: Netzwerke am besten bereits während des Studiums oder der Ausbildung knüpfen

Ein frühzeitiger Eintritt in die entsprechenden Berufsverbände kann einiges erleichtern. Auf diesem Weg erhalten Sie wichtige berufsspezifische Informationen, Adressen zu Weiterbildungsmöglichkeiten und Einladungen auf Seminare und Tagungen. Darüber hinaus ergeben sich so bereits früh persönliche Kontakte, die später den Einstieg ins Berufsleben entscheidend erleichtern können.

Halten Sie sich immer vor Augen, dass Sie nur gezielt und sicher in den gewünschten Beruf gelangen, wenn Sie ein klares Bild Ihrer Ziele vor Augen haben. Im Beruf selbst muss man die unternehmensspezifischen Strukturen genau beobachten und erkennen, wer für weitere Ziele wichtig sein könnte. Und vor allem Karrierewünsche offen formulieren.

Die alte Weisheit »Reden ist Silber, Schweigen ist Gold« trifft hier nicht zu. Reden alleine reicht nicht aus, Sie müssen zielgerichtet und immer mit dem Bewusstsein einer Gegenleistung vorgehen.

Aber passen Sie auf! Wer immer alles kostenlos und entgegenkommend tut, entwertet irgendwann die eigene Leistung. Es geht gar nicht darum, immer für jeden Gefallen sofort eine Gegenleistung einzufordern. Seien Sie großzügig! Aber es muss sich mittel- oder langfristig immer für Sie lohnen, in Vorleistung getreten zu sein.

Vielen Menschen fällt es schwer, etwas einzufordern. Aber gerade darin besteht das Wesen eines Netzwerkes: Ich brauche eine Leistung, einen Kontakt oder einen Auftrag. Dazu überlege ich mir gleichzeitig, was ich im Gegenzug dafür anzubieten habe. So besteht nicht die Gefahr, in die Rolle eines bloßen Bittstellers zu verfallen, sondern man bietet einen fairen Handel an, der sich auf der gleichen Ebene vollzieht und auf keinen Fall in eine Abhängigkeit führt.

Je früher man beginnt, sein persönliches Netzwerk aufzubauen, desto länger profitiert man davon.

Seien Sie kontaktfreudig, offen und neugierig! Reden Sie mit Ihren Mitmenschen! Und pflegen Sie diese Kontakte! Denken Sie immer daran, dass Sie den Vorteil, den die berufliche Zusammenarbeit Ihnen bringt, über Ihre eigene persönliche Neigung und Meinung stellen müssen. Netzwerke schafft man sich nicht nur aus Leuten, die man vorwiegend mag, sondern man schließt auch diejenigen mit ein, die für das eigene berufliche Fortkommen nützlich sein können.

Wo beginnt mein Netzwerk?

Zum Networking ist der Besuch von Messen, Seminaren, Symposien und Konferenzen unerlässlich. Besuchen Sie weiterbildende Seminare. Hier erfahren Sie direkt die wichtigsten neuen Informationen und Adressen, die Ihr Fachgebiet betreffen. Außerdem lernen Sie Menschen kennen, die in der gleichen Branche oder dem gleichen Fachgebiet wie Sie tätig sind. Neben dem Informations- und Erfahrungsaustausch können Sie Kontakte knüpfen und Marketing in eigener Sache betreiben. Das kann mit dem Austausch von Visitenkarten beginnen und mit einem Geschäftsabschluss oder einer Bewerbung auf eine interne Stellenausschreibung enden. Man empfiehlt Sie, und Sie sind im Gespräch.

Übung

Fragen zu Ihrem persönlichen Networking:

- Zu welchen Zielgruppen konnten Sie eine besonders gute Beziehung aufbauen?
- Wer würde Ihnen davon eine gute Referenz ausstellen? (Denken Sie dabei zum Beispiel an Unternehmen, Kunden, Wettbewerber, Verbände, Geschäftspartner oder Headhunter, Personal- und Unternehmensberater.)
- Was trauen andere Ihnen zu?
- Über welche nützlichen Beziehungen verfügen Sie außerdem? (Zum Beispiel Bekannte, Verwandte, Freunde, Vereine, Nachbarn.)

Weitere Wege in der Bewerbungsstrategie

Damit Sie einen vollständigen Überblick über Bewerbungsstrategien erhalten, gehen wir noch kurz auf weitere Möglichkeiten ein.

Outplacement und Karriereberatung

Beim Outplacement beauftragt und bezahlt der Arbeitgeber einen externen Karriere- oder Personalberater, der den Mitarbeiter – in noch ungekündigter Position – bei der Suche nach einem neuen Arbeitgeber gezielt unterstützt. Im Rahmen einer Verhandlung um eine etwaige Abfindung können Sie zum Beispiel auch um eine Outplacementberatung verhandeln.

Outplacement wird als einvernehmliche oder sanfte Trennung beziehungsweise als Neupositionierung bezeichnet. Outplacement soll die Trennung unter Berücksichtigung der Bedürfnisse und Interessen aller Beteiligten ermöglichen. Beteiligte sind der Arbeitgeber, der betroffene Mitarbeiter, dessen soziales und familiäres Umfeld sowie der Outplacementberater. Der Outplacementprozess gliedert sich in drei Hauptphasen:

- **Erste Phase:** Vorbereitung des Outplacements durch den Initiator – das kann sowohl das Unternehmen als auch der Arbeitnehmer sein.
- **Zweite Phase:** Einleitung des Trennungsvorgangs und Durchführung durch die Führungskraft und das Personalmanagement, die eine Trennungsvereinbarung mit dem Mitarbeiter und die Suche eines geeigneten Outplacementberaters umfasst. Mit diesem müssen die genauen Modalitäten der Beratung abgesprochen werden, ehe die Beauftragung und Honorierung durch das Unternehmen erfolgen kann. Voraussetzung ist allerdings, dass zwischen dem Berater und dem Betroffenen ein Vertrauensverhältnis und eine gegenseitige Akzeptanz gegeben ist.
- **Dritte Phase:** Individuelle Beratung zur beruflichen Neuorientierung des betroffenen Mitarbeiters. Eine mitarbeiterorientierte Outplacementberatung sollte folgende Stufen durchlaufen:

- *Analyse und Entscheidungsfindung:* Bisherige Entwicklung analysieren und Inventur aller vermarktbaren Leistungen, Kenntnisse und Fähigkeiten. Aufnahme der beruflichen Wünsche. Kritische Selbsteinschätzung und Erarbeiten eines Stärken-Schwächen-Profils, eventuell unter Zuhilfenahme von psychologischen Tests. Erarbeiten der beruflichen Zielsetzung.
- *Aufbau einer Marketing- und Bewerbungsstrategie:* Bewerbungsstrategie entwickeln unter Einbeziehung aller Bewerbungswege. Mögliche Arbeitgeber recherchieren. Kontaktnetz aufbauen. Individuelle und unternehmensspezifische Zusammenstellung aussagekräftiger Bewerbungsunterlagen. Kommunikationstraining als Vorbereitung auf Vorstellungsgespräche.
- *Durchführung und Beendigung der Maßnahmen:* Versand von Bewerbungsunterlagen, Vorstellungsgespräche, Vertragsverhandlungen und Vertragsabschluss. Optimalerweise endet die Hilfestellung durch den Outplacementberater erst nach der Einarbeitungszeit im neuen Job.

Diese Schritte gehören zu jeder Bewerbungsstrategie mit einem Outplacement-Berater.

Die geschilderten Dienstleistungen können Sie auch außerhalb einer Outplacementmaßnahme gemeinsam mit einem auf Karriereberatung und Bewerbungstraining spezialisierten Personalberater durchführen. Die Vorteile eines Karriere-Coachings bestehen in einer objektiven Sichtweise auf die eigenen Unterlagen und das persönliche Verhalten im Vorstellungsgespräch, in den Kontakten der Coaches und in dessen breitem Erfahrungsschatz.

Headhunter – Executive Search

Wenn Sie während Ihrer bisherigen Berufstätigkeit schon Kontakte mit so genannten Headhuntern hatten, die Sie im Auftrag ihrer Kunden für einen Unternehmenswechsel begeistern wollten, dann können Sie auch von sich aus wieder Kontakt aufnehmen. Vielleicht ist diese oder eine vergleichbare Stelle zu besetzen. In den meisten Fällen wird der Headhunter Sie gerne in seine Kartei aufnehmen und bei nächster Gelegenheit wieder auf Sie zukommen. Sie ersparen dem Berater damit Arbeit bei seinen Recherchen und erleichtern ihm die Vermittlung.

INFO

Große Personalberater in Deutschland

- **www.kienbaum.de**
  15 Standorte in Deutschland, 15 weltweit
- **www.horton-intl.com**
  International agierender Personalberater
- **www.dolan-consulting.de**
  Weltweite Standorte
- **www.steinbach-partner.de**
  Managementberatung in Deutschland und Österreich
- **www.baumann-personalberatung.de**
  Berlin und westliche Bundesländer
- **www.scs-personalberatung.de**
  3 Standorte in Deutschland
- **www.x-cruiting.de**
  Spezialisierte Personalberatung für Vertriebspositionen

Personalleasing, Interimsmanagement und Business-Angels

Das Personalleasing als professionelle Arbeitnehmerüberlassung hat sich in den letzten Jahren in Deutschland immer weiter durchgesetzt. Wo Unternehmen, deren Gewerbe starken saisonalen Schwankungen unterliegt (Baubranche), wenig qualifizierte Arbeiter entliehen haben, werden zunehmend hoch qualifizierte und akademisch ausgebildete Mitarbeiter verliehen. Im Vergleich mit unseren Nachbarn in den Niederlanden besteht in Deutschland noch einiger Aufholbedarf.

Beim Personalleasing stellt der Verleiher (ein Zeitarbeitsunternehmen) dem Entleiher (dem Auftraggeber) Mitarbeiter gegen Entgelt als Arbeitskräfte für eine begrenzte Zeit zur Verfügung. Diese Mitarbeiter sind beim Zeitarbeitsunternehmen fest angestellt. Neben einigen Besonderheiten gelten auch für dieses Arbeitsverhältnis die im Arbeitsrecht gültigen Grundsätze. Der Arbeitsvertrag, der grundsätzlich unbefristet sein muss, besteht zwischen dem Mitarbeiter und dem Zeitarbeitsunternehmen.

Der Leasinggeber führt die Sozialversicherungsbeiträge sowie die Lohnsteuer ab. Im Rahmen seines Weisungsrechts in Verbindung mit der Ausgestaltung des Arbeitsvertrages kann der Leasinggeber den Arbeitnehmer bei einem anderen Unternehmen einsetzen. Der Leasingnehmer zahlt dafür an den Leasinggeber ein Honorar. Der Verleiher ist gegenüber dem Entleiher verpflichtet, ihm zur vereinbarten Zeit, am vereinbarten Ort arbeitswillige Kräfte, die über die geforderten Qualifikationen verfügen, bereitzustellen. Zwischen dem Leasingnehmer und dem Arbeitnehmer bestehen weder ein Arbeitsverhältnis noch sonstige Vertragsbeziehungen. Trotzdem hat der Mitarbeiter gegenüber dem Entleiher gewisse Nebenpflichten, die zum Beispiel seine Verschwiegenheit, die Lage der Arbeitszeit oder die Betriebsordnung des Entleihers betreffen. Der Entleiher hat gegenüber dem Leiharbeitnehmer das Weisungsrecht im Rahmen des Arbeitnehmerüberlassungsvertrages, ihm obliegt die Fürsorgepflicht.

Die Vorteile liegen für den Arbeitnehmer vor allem in der Möglichkeit, über eine Bewährung vom Leasingnehmer übernommen zu werden, und in der Chance, im Beruf zu bleiben, um wertvolle Erfahrungen zu sammeln. Diesem Vorteil stehen allerdings auch Nachteile wie ein häufig geringeres Arbeitsentgelt und eine hohe Flexibilität, die für diesen Job notwendig ist, gegenüber.

Die bekanntesten Personalleasing-Unternehmen in Deutschland

- **www.adecco.de** weltweit ungefähr 6.000 Niederlassungen
- **www.randstad.de** bundesweit 250 Niederlassungen
- **www.manpower.de** weltweite Standorte
- **www.persona.de** über 118 Niederlassungen bundesweit
- **www.dis.ag** 160 Niederlassungen in 73 Städten

Im Bereich der Vermittlung qualifizierter Arbeitskräfte, Berater und Manager sind auch Agenturen mit ganz speziellen Tätigkeitsfeldern tätig. Für erfahrene Manager ist beispielsweise die Vermittlung als Interimsmanager, als Business-Angel oder projektbezogen als Berater interessant.

Prinzipiell eignen sich Interimsmanager für befristete Einsätze auf allen Führungsebenen und in allen Branchen der Wirtschaft und der öffentlichen Hand. Sie übernehmen Aufgaben in den Bereichen Marketing und Vertrieb, Finanzen, Controlling, Produktion oder Spezialaufgaben wie zum Beispiel in der IT.

Informationen finden Sie im Internet unter:
- **www.interim-management.de**
- **www.interimmanagementgroup.de**
- **www.boydeninterim.de**

Business-Angels sind vermögende Privatpersonen, die junge Unternehmen bei ihren ersten Schritten in die Selbstständigkeit begleiten. Business-Angels sind Menschen mit der Bereitschaft, ihr Wissen, ihre Erfahrungen und eigenes Kapital in Unternehmensgründungen einzubringen.

Informationen finden Sie im Internet unter:
- **www.business-angels.de**
- **www.business-angel-venture.de**
- **www.business-angel-team.com**
- **www.n-u-k.de/businessangelboerse**
- **www.nationalbusangels.com**

Selbstständigkeit und Freelancertum

Eine Alternative zur abhängigen Beschäftigung ist die Selbstständigkeit oder eine Betätigung als Freelancer. Vor einem solchen Schritt sollten Sie sich sehr gründlich informieren und beraten lassen. Denn nicht jeder ist für ein solches »Einzelkämpferdasein« gleichermaßen geeignet.

- **www.ihk.de:** Der Weg zu der zuständigen IHK des Landes und des Kreises. Außerdem der Zugang zu DIHK und AHK.
- **www.fh-muenchen.de/home/fhm/gruenderbuero/d_Welcome.pcms:** Viele Existenzgründerberatungen können Hochschul- und Fachhochschulabgänger direkt bei ihren Instituten in Anspruch nehmen.
- **www.exzet.de, www.startercenter.de** (Existenzgründerberatung der Stadt Stuttgart).

Regionale Angebote sind meist auch über die Seiten der Städte oder der Kreise zu erhalten.

Weitere Informationen finden Sie im Internet unter:

- **www.arndtconsult-mv.de**
- **www.bjoern-m-jaeger.de**

Stellengesuche

Wenn Sie sich für eine Stellengesuch entscheiden, dann sind Sie ungefähr in der gleichen strategischen Situation, wie im Falle einer Initiativbewerbung. Sie befinden sich zwar in einer weniger großen Konkurrenzsituation, können aber auch niemanden direkt auf eine zu besetzende Stelle hin ansprechen. Nachdem Sie Ihr Stellengesuch aufgesetzt, sich für einen Anzeigenträger entschieden und das Gesuch aufgegeben haben, ist es an Ihnen, die Resonanz Ihres Gesuchs abzuwarten. Spätestens jetzt sollten Sie einige Bewerbungsmappen so weit vorbereiten, dass Sie schnell reagieren können, wenn ein interessiertes Unternehmen zu Ihnen Kontakt aufnimmt.

Bevor man die Wirksamkeit und die Erfolgsaussichten von Stellengesuchen einschätzen kann, sollte man die verschiedenen Arten von Stellengesuchen näher betrachten. Grundsätzlich muss man zwischen Stellengesuchen im Internet, beispielsweise in einer Stellenbörse, oder in Printmedien unterscheiden. Die Unterschiede liegen nicht in der Formulierung, sondern eher in ihrem Preis-Leistungs-Verhältnis. Während Stellengesuche in den Printmedien, je nach Größe und Medium, eine größere Investition darstellen, sind elektronische Stellengesuche für den Inserenten häufig kostenlos. Aus Sicht des Personalsuchenden haben elektronische Stellengesuche den Vorteil, dass mit Hilfe einer Suchmaske leicht und schnell nach Bewerbern gesucht werden kann, die ganz spezielle Qualifikationen mitbringen. Diese Suchoption erspart viel Arbeit.

Wenn Sie sich für ein Stellengesuch in einem Printmedium entscheiden, sollten Sie sich als Nächstes die Frage stellen, ob sie in einer (Tages-)Zeitung oder einer Fachzeitschrift inserieren. Der wesentliche Vorteil eines Inserates in einer Fachzeitschrift besteht in den geringen Streuverlusten, denn Sie sprechen die relevante Zielgruppe direkt an. Zeitungen haben oft den Vorteil, dass sie auflagen- und reichweitenstärker sind. Sie erreichen also einen größeren Leserkreis mit Ihrem Stellengesuch. Prüfen Sie auf jeden Fall, ob die ausgewählte Zeitung oder Zeitschrift Ihr Stellengesuch auch online publiziert.

Neben der Entscheidung für das Medium, in dem Ihr Stellengesuch veröffentlicht werden soll, ist die Formulierung des Gesuchs ausschlaggebend für dessen Erfolg. Das Stellengesuch ist eine Bewerbung in Kurzform. Folgende Informationen gehören in ein erfolgreiches Stellengesuch:

- **Berufsbezeichnung und Hierarchiestufe** (z.B.: Diplom-Ingenieur Maschinenbau, Leiter der Arbeitsvorbereitung).
- **Persönliche Daten mit Alter.**
- **Berufserfahrung mit Zeitraum, Funktion, Einsatzgebiet** (z.B.: mehrjährige Erfahrung als Gruppen- und Abteilungsleiter in den Bereichen Qualitätssicherung, Fertigungssteuerung und Arbeitsvorbereitung).
- **Branchen der bisherigen Tätigkeitsfelder** (z.B.: erfolgreiche Tätigkeit im Anlagen- und Fahrzeugbau).
- **Stellengesuch im engeren Sinn** (z.B.: neue, verantwortungsvolle Aufgabe als Leiter der Fertigung in einem erfolgreichem mittelständischen Betrieb der Automobilindustrie im Rhein-Neckar-Raum gesucht).

Grundsätzlich sollten Sie sich in Ihrem Stellengesuch ein genaues Profil verleihen. Ihnen muss bewusst sein, dass jede Detaillierung eine Einschränkung bedeutet. Lassen Sie dem Leser Ihres Stellengesuchs genug Raum, einen Positions- und Einsatzvorschlag zu machen.

Den Erfolg Ihres Stellengesuchs können Sie einerseits am Umfang des Rücklaufs messen, andererseits auch an der Zahl der zu Stande gekommenen Kontakte. Beides ist abhängig von der formalen und inhaltlichen Gestaltung Ihres Inserats.

INFO

Folgende Gestaltungs- und Formulierungstipps sollten Sie beachten:

- Schneiden Sie einige Inserate aus, die Ihnen grafisch gut gefallen. Legen Sie diese Ihrem Auftrag bei.
- Verwenden Sie keine Allgemeinplätze wie »Allround-Kaufmann«, »Lebensaufgabe«, »Persönlichkeit«, »Generalist« oder »Tätigkeit im Ausland«. Diese suggerieren eher mangelnde Kompetenz. Machen Sie konkrete Aussagen über Ihre Kenntnisse, Fähigkeiten, Erfahrungen, Spezialwissen, Persönlichkeitsmerkmale und Ziele.
- Lassen Sie keinen Zeitdruck anklingen.
- Stellen sie Ihr Alter nicht in den Mittelpunkt. Wichtiger ist Ihre berufliche Handlungskompetenz.
- Halten Sie sich an das allgemeine journalistische Prinzip: Das Wichtigste steht immer am Anfang!

Stellen Sie unsere Tipps mit einer aktuellen Ausgabe Ihrer Tageszeitung auf die Probe.

Agenturen für Arbeit

Obwohl die Agenturen für Arbeit aus der Sicht vieler Arbeitssuchenden nicht die erste Adresse sind, sollte man nicht grundsätzlich über deren Serviceangebote hinwegsehen. Neben der Recherche im SIS und auf der Website der Bundesagentur für Arbeit besteht auch die Möglichkeit, sein eigenes Stellengesuch kostenfrei zu veröffentlichen. Insgesamt muss man jedoch sagen, dass Stellen im mittleren und oberen Management im Wesentlichen nicht durch die Agenturen für Arbeit, sondern aus eigener Initiative der Bewerber vermittelt werden.

Die Stellenangebotsanalyse

Grundsätzlich gibt es drei Typen von Stellenanzeigen:

- offene Anzeigen,
- Stellenanzeigen durch ein Beratungsunternehmen sowie
- Chiffreanzeigen.

Offene Anzeigen

Bei der **offenen Anzeige** wird der Name des inserierenden Unternehmens genannt. Die Leser wissen, bei wem sie sich bewerben. Sie können sich daher zusätzliche Informationen über das Unternehmen beschaffen, die über das Stellenangebot hinausgehen. Sie können in Zeitungen, Zeitschriften oder im Internet recherchieren, Firmenbroschüren bestellen oder telefonisch nähere Auskünfte einholen. Damit kann die Bewerbung gezielt auf das Unternehmen ausgerichtet werden. Auch im Bewerbungs- und Auswahlprozess haben solche Bewerber Vorteile, da sie sich über den Stand der Dinge informieren und gegebenenfalls ihre Bewerbungsunterlagen zurückfordern können. Aus der Sicht der Bewerber ist die offene Stellenanzeige die attraktivste Form des Stellenangebots.

Stellenanzeigen durch ein Beratungsunternehmen

Eine andere Variante der Stellenanzeige ist die **Veröffentlichung über einen Personalberater**. Das Personal suchende Unternehmen bleibt hier zumeist ungenannt. Recherchen nach Zusatzinformationen sind damit kaum möglich, da die Beschreibung des Unternehmens im Inserat normalerweise keinen eindeutigen Rückschluss auf ein ganz bestimmtes Unternehmen zulässt. Der einzige Weg der Informationssuche geht über die Personalberatung, die je nach Kundenauftrag manchmal Zusatzinformationen zur Stelle weitergibt. Dennoch operiert der Bewerber von einer eingeschränkten Informationsplattform aus.

Grundsätzlich haben Sie als Bewerber aber einen Ansprechpartner, den Sie in jeder Phase des Prozesses kontaktieren können. Wie bei jeder Form von Stellenangeboten, bei dem das Personal suchende Unternehmen nicht namentlich genannt wird, besteht für Bewerber, die noch eine Arbeitsstelle innehaben, die Gefahr, sich bei Ihrem momentanen Arbeitgeber zu bewerben oder bei einem anderen, zu dem Sie kein gutes Verhältnis haben. Vor allem wenn Sie wenig mobil sind, ist die Gefahr groß, dass die Stelle, die wie für Sie maßgeschneidert wirkt, Ihre eigene ist. Wenn ein Stellenangebot über einen Personalberater geschaltet wird, haben Sie, im Gegensatz zur Chiffreanzeige, zumindest einen Ansprechpartner, mit dem Sie dieses Problem besprechen können, und der Ihre Sperrvermerke sorgfältig einhält.

Das Ausmaß der Zusammenarbeit zwischen Unternehmen und Personalberatung kann je nach Auftrag unterschiedlich ausfallen. Die einfachste und zugleich preiswerteste Form der Zusammenarbeit ist der Briefkastenservice. Dabei veröffentlicht der Berater die Anzeige unter seinem Namen, sammelt die Bewerbungen, gibt sie an den Auftraggeber weiter und übernimmt den Schriftverkehr mit den Interessenten (Eingangsbescheide, Einladungen zu Vorstellungsgesprächen, Absagen). Im Angebot der Personalberater stehen folgende Leistungen:

- Erarbeiten der Stellenanforderungen,
- Anzeigengestaltung,
- Analyse und Auswahl der Bewerbungsunterlagen,
- Absprachen mit dem Auftraggeber und Gutachtenerstellung,
- Durchführung oder Hilfe beim Durchführen von Auswahlverfahren (z.B. Vorstellungsgespräche oder Assessment-Center),
- Einholen von Referenzen,
- Beratung bei der endgültigen Auswahlentscheidung,
- Beratung bei der Vertragsgestaltung.

Es gibt viele gute Gründe für die Zusammenarbeit eines Unternehmens mit einer Personalberatungsgesellschaft. Personalberater verfügen durch ihre Zusammenarbeit mit einer Vielzahl von Unternehmen über weit reichende Kenntnisse und Erfahrungen, die auf diesem Wege von Unternehmen, deren Kerngeschäft und damit Kernkompetenz nicht die Personalauswahl ist, genutzt werden können. Zudem kann der Name einer renommierten Personalberatung mehr und vor allem qualifiziertere Bewerber anlocken, als es das Unternehmen mit seinem eigenen Namen kann. Gerade kleinere, weniger bekannte Unternehmen oder Firmen mit Imageproblemen werden diesen Weg gehen, was eine Bewerbung bei diesen Unternehmen nicht weniger interessant macht. Weitere Gründe dafür, dass Unternehmen nicht mit ihrem Namen auftreten, finden Sie im folgenden Abschnitt über Chiffreanzeigen.

Chiffreanzeigen

Bei einer **Chiffreanzeige** bleibt der Firmenname ebenfalls ungenannt. Der Bewerber richtet seine Bewerbung in der Regel an den Zeitungsverlag, unter der in der Stellenanzeige angegebenen Chiffrenummer. Diese Nummer ist eine Kennnummer, die dem Verlag dazu dient, die eingehenden Bewerbungen den richtigen Inserenten zuzuordnen.

Tipp: Schreiben Sie die Chiffrenummer immer außen auf den Umschlag, in dem Sie Ihre Bewerbungsunterlagen verschicken, damit diese richtig zugeordnet werden können.

Die Chiffreanzeige hat für den Bewerber ähnliche Nachteile wie Stellenangebote über einen Personalberater, jedoch treten diese hier noch deutlicher zu Tage. Sie haben überhaupt keine Möglichkeit, zusätzliche Informationen zu recherchieren. Deshalb ist es bei Chiffreanzeigen besonders wichtig, sie genau zu analysieren. Außerdem können Sie mit niemandem Kontakt aufnehmen, um sich zu erkundigen, wo Ihre Bewerbung ist, wie weit der Auswahlprozess fortgeschritten ist oder ob Ihre Bewerbung überhaupt angekommen ist.

Diese Gründe sind für viele Stellensuchende ausschlaggebend dafür, sich auf Chiffreanzeigen grundsätzlich nicht zu bewerben. Dazu kommt noch der Gedanke, dass es sich ja wohl kaum um ein seriöses Angebot handeln könne, wenn der Inserent nicht bereit ist, seinen Namen zu nennen.

Wie wir gesehen haben, gibt es jedoch gute Gründe, die für ein Unternehmen dafür sprechen, anonym zu bleiben. Da von jeder Anzeige auch eine Werbe- und Imagewirkung für den Inserenten ausgeht, muss der Verzicht auf diese positiven Nebeneffekte gut bedacht worden sein. Mögliche Gründe dafür sind:

- Die Personalplanung verrät Aspekte der künftigen Firmenpolitik. Daraus entsteht die Gefahr, dass die Wettbewerber des Unternehmens Rückschlüsse auf die geplanten Aktivitäten ziehen könnten.
- Imageprobleme des Unternehmens lassen eine geringe Resonanz befürchten: Produktpalette, Umwelt- und Sicherheitsbewusstsein, Massenentlassungen, negative Pressemeldungen. Natürlich hofft man darauf, dass Bewerber, wenn sie erst einmal zu einem Vorstellungsgespräch eingeladen wurden, nicht mehr abspringen.
- Es ermöglicht eine Personalsuche am momentanen Stelleninhaber vorbei.
- Ein telefonischer Kontakt mit der ausschreibenden Firma ist ausgeschlossen; vielmehr liegt die Intensivierung des Kontakts im Ermessen der Firma, die so die Bewerber auf Distanz hält. Man kann dieses Verhalten nicht als serviceorientiert betrachten, aber es spart viel Arbeitszeit.

Einerseits gibt es für Unternehmen gute Gründe, ihren Namen nicht zu nennen. Andererseits ist der Erfolg von Chiffreanzeigen meist geringer. Die Leser möchten wissen, wem sie vertrauliche persönliche Informationen weitergeben. Gerade hoch qualifizierte Bewerber und Führungskräfte neigen weniger dazu, sich auf Chiffreanzeigen zu bewerben.

Bevor Sie sich endgültig gegen eine Bewerbung auf eine Chiffreanzeige entschließen, sollten Sie einige Punkte bedenken. Vielfach

> Bei Chiffreanzeigen ist die Rückforderung der Unterlagen zeitraubend und hin und wieder erfolglos. Ist nach zehn Wochen keine Rücksendung erfolgt und haben Sie keinen Eingangsbescheid erhalten, sollten Sie Ihre Unterlagen vom jeweiligen Verlag zurückfordern.

INFO

geht es in Chiffreanzeigen um interessante Positionen. Ob dem so ist, können Sie feststellen, indem Sie sich intensiv mit der Stellenanzeige auseinander setzen, mit ihrem Inhalt und mit ihrer äußeren Gestaltung. Darauf gehen wir im folgenden Abschnitt näher ein.

Außerdem sollten Sie bedenken, dass Chiffreanzeigen oft weniger Bewerber anziehen. Das heißt, dass sich Ihre Bewerbungsmappe gegen weniger Mitbewerber durchsetzen muss. Ihre Erfolgsaussichten steigen! Und letztlich schadet es nichts, einen Versuchsballon zu starten. Sie sehen so, wie Ihre Bewerbungsunterlagen ankommen. Sie können etwas Neues ausprobieren und damit Risiken eingehen, die Sie nicht eingehen würden, wenn Sie sich für Ihren Traumjob bewerben, und Sie bekommen ein Bild Ihres Marktwertes. Spätestens zum Vorstellungsgespräch erfahren Sie, wer hinter der Chiffreanzeige steckt. Jetzt haben Sie alle Möglichkeiten in der Hand, Sie können zu Übungszwecken auch zum Vorstellungsgespräch erscheinen – vielleicht ist die Stelle doch interessanter, als Sie zuerst dachten. Absagen können Sie immer noch, wenn Ihnen das Unternehmen nicht zusagt.

Prüfen Sie kritisch, ob die ausschließliche Konzentration auf Stellenanzeigen die beste Bewerbungsstrategie ist! Es ist eine von vielen Strategien, mehr nicht!

Wie werden Stellenangebote interpretiert?

Aufbau und Inhalt einer idealtypischen Stellenanzeige

Für die Analyse von Stellenangeboten gelten die gleichen Regeln, unabhängig davon, welchen Typ von Stellenanzeige Sie betrachten. Am leichtesten können Sie den Aufbau einer Stellenanzeige unter die Lupe nehmen. Schwieriger zu analysieren sind der Inhalt und die Formulierung.

Eine vollständige Stellenanzeige sollte Informationen zu verschiedenen Bereichen enthalten.

- **Präsentationsteil: Wer inseriert? Wir über uns.** – Das inserierende Unternehmen stellt sich selbst vor. Wichtige Aspekte der Selbstdarstellung können beispielsweise die Unternehmensphilosophie, die Unternehmensentwicklung, Standorte, Produkte, Mitarbeiterzahlen, Jahresumsatz, die Positionierung am Markt oder der Führungsstil sein. Der Präsentationsteil hilft dem Bewerber, seine Bewerbung auf das Unternehmen abzustimmen. Eine sehr positive Selbstdarstellung des Unternehmens bewirkt eine starke Imagewirkung nach außen. Achten Sie darauf, dass der Umfang der Selbstdarstellung nicht zu Lasten der Aufgabenbeschreibung geht. Fragen Sie sich: »Dient dieses Stellenangebot mehr der Selbstpräsentation oder der Personalsuche?«
- **Anforderungsprofil: Für welche Position und für welche Aufgaben wird jemand gesucht?** – Hier wird die Stellenbezeichnung genannt und das Aufgabengebiet beschrieben. Aus der Sicht der Bewerber sollte dieser Abschnitt ausführlich und detailliert gestaltet sein. Nur so können Sie abschätzen, ob Ihre Erfahrungen ausreichend groß sind. Neben den Aufgaben können die Kompetenzen und die Verantwortung, die mit der Stelle verbunden sind, beschrieben werden. Die hierarchische Einordnung der Stelle ist ebenfalls interessant. Aus Platzgründen enthalten viele Stellenbeschreibungen nur wenige Informationen zur Stelle.
- **Qualifikationsprofil: Über welche Kompetenzen muss der zukünftige Stelleninhaber verfügen?** – Jetzt werden die Qualifikationsmerkmale des idealen Bewerbers genannt, die sich aus den Aufgaben ableiten lassen. Oft werden gefordert Ausbildung oder Studium, Abschlüsse, berufliche Erfahrungen und weitere Kenntnisse wie EDV, Sprachen, aber auch Persönlichkeitsmerkmale und soziale Kompetenzen. Für den Bewerber ist es vorteilhaft, wenn die erforderlichen Qualifikationsmerkmale genau dargestellt werden. Manchmal können Sie sich dadurch eine Bewerbung sparen, die ohnehin aussichtslos gewesen wäre.
- **Anreize, Motivatoren: Was wird geboten und wie sind die Konditionen?** – In einem normalerweise sehr kurzen Abschnitt stellt

das Unternehmen seine Leistungen beziehungsweise die Arbeitsbedingungen dar. Genannt werden oft Begriffe wie »junges, dynamisches Team«, »gutes Betriebsklima«, »leistungsgerechtes Gehalt« oder »Dienstwagen«. Seltener ist dagegen von Urlaub oder von Sozial- und Sachleistungen die Rede. Vorsichtig sollten Sie werden, wenn die Unternehmensleistungen umfangreich sind und im Stellenangebot sehr ausführlich beschrieben werden beziehungsweise wenn eine mögliche Entgelthöhe explizit erwähnt wird. Kann es sein, dass ein Arbeitgeber seine zukünftigen Mitarbeiter mehr über seine Leistungen als über die Aufgabenstellung zu einer Bewerbung zu motivieren versucht?

- **Angaben zur Bewerbung: Wie läuft die Bewerbung ab?** – Im letzten Teil der Stellenanzeige wird aufgeführt, welche Bewerbungsunterlagen erwünscht sind. Meist ist dabei von vollständigen oder aussagekräftigen Bewerbungsunterlagen die Rede. Darunter versteht man, neben dem Anschreiben mindestens den Lebenslauf mit Bewerbungsfoto sowie die Schul-, Ausbildungs- und Arbeitszeugnisse. Zusätzlich haben Sie Raum für Ihre eigenen Unterlagen wie Deckblatt, Anlagen zum Lebenslauf oder Arbeitsproben. Weiterhin wird Ihnen die korrekte Anschrift, manchmal mit dem Namen eines Ansprechpartners, Telefonnummer und E-Mail-Adresse, mitgeteilt. Weitere Angaben, die oft gefordert werden, sind das frühestmögliche Eintrittsdatum und die Gehaltswünsche des Bewerbers. Eher selten gibt man Ihnen Informationen zum Bewerbungsverfahren: Gibt es eine Bewerbungsfrist? Werden Aussagen über das vorgesehene Auswahlverfahren zum Beispiel Einzelgespräch oder Assessment-Center gemacht? Im Adressblock finden Sie häufig die URL der Firma, welche Sie zur Recherche nutzen sollten.

Kriterien für die Analyse von Stellenangeboten

Für eine weiter gehende Analyse eines Stellenangebotes müssen Sie stärker ins Detail gehen. Folgende Kriterien sollten Sie beachten: Ist die Größe der Anzeige angemessen? Die Anzeigengröße gibt Ihnen eine erste grobe Orientierung darüber, wie die Position eingestuft und finanziell honoriert wird. Neben der Bedeutung der ausgeschriebenen Stelle ist die Größe der Stellenanzeige auch abhängig

- von der Unternehmensgröße,
- von der Dringlichkeit der Stellenbesetzung,
- von der Lage am Arbeitsmarkt,
- vom Medium,
- von der Konkurrenz
- vom Budget sowie
- von der gewünschten Imagewirkung.

Nehmen Sie den Stellenteil zur Hand und vergleichen Sie mit diesen Informationen verschiedene Stellenangebote miteinander. Jedoch sollten Sie nicht nur große, plakativ gestaltete Anzeigen beachten, auch kleinere und zurückhaltende Inserate bieten Chancen – und oft weniger Wettbewerber.

- **Welcher Stil wird gepflegt?** Wie ist die Wortwahl und der Ton? Wie ist die Anzeige aufgemacht? Prüfen Sie, ob ein ganz bestimmter Jargon, eine branchenspezifische Sprache gepflegt wird. Sagt die Wortwahl etwas über die Unternehmenskultur oder über die Firmenphilosophie aus? Ist der Ton der Anzeige eher locker und fröhlich oder sachlich und konservativ? Verwendet man eine zielgruppenspezifische Sprache?
- **Ist der Text klar und verständlich formuliert?** Wenn das nicht der Fall ist, gibt dies einen Hinweis auf den Firmencharakter. Entweder ist man unfähig, einen klaren Text zu schreiben, oder es herrschen unklare Zustände im Unternehmen. Vielleicht ist die organisatorische oder monetäre Einordnung der Stelle noch nicht geklärt oder der Aufgaben- und Verantwortungsbereich steht noch nicht exakt fest. Denken Sie daran: Klare Verhältnisse sind die Voraussetzung für ein erfolgreiches Berufsleben.
- **Stimmt der Proporz von gefühlsmäßigen Ansprachen und sachlichem Informationsgehalt?** Gefühlsmäßige, emotionale Einflussgrößen sind soziale Bedürfnisse wie Ansehen, Achtung, Sicherheit, Verantwortung, Macht, Karriere und Status. Wenn diese überbetont werden, dagegen der sachliche Informationsgehalt

fehlt oder das Anforderungsprofil unscharf dargestellt ist, soll vielleicht das rationale Denken verdrängt werden.
Deshalb sollten Sie Anzeigen mit hohem Informationswert Vorrang einräumen! Seien Sie besonders bei Anzeigen mit viel versprechenden Gehaltsangaben vorsichtig. Es handelt sich normalerweise um maximale Obergrenzen, die routinierte Profis bei guter Wirtschaftslage erreichen. Die Realität liegt mitunter weit darunter – gerade für den Neueinsteiger.

- **Welche emotionale Wirkung erzielt die Stellenanzeige?** Oft spricht uns eine Stellenanzeige »irgendwie« an. Fast genauso oft wissen wir nicht, warum das so ist. Nur auf ein unbestimmtes, wenn auch positives Gefühl hin sollten Sie einen so weit reichenden Schritt wie eine Bewerbung und eine berufliche Neuorientierung aber nicht vollziehen. Beantworten Sie sich daher zuvor einige Fragen zur emotionalen Ebene des Stellenangebots.

Übungsfragen

- Weshalb hat mich die Anzeige angesprochen?
- Welche Erwartungen weckt die Anzeige bei mir?
- Welche Erwartungshaltung des Unternehmens an den Bewerber wird durch die Anzeige vermittelt?
- Vermittelt mir das Inserat den subjektiven Eindruck von Seriosität?
- Welches Image verbinde ich mit dem Unternehmen beziehungsweise dem Stil seiner Stellenanzeige?

Werten Sie anschließend Ihre Antworten aus. Bestärkt Sie das Ergebnis in Ihrem Wunsch, sich bei dem betreffenden Unternehmen zu bewerben?

- **Stimmt die Informationslage auf der sachlichen Ebene der Stellenanzeige?** Außer dass Sie sich gefühlsmäßig von einer Stellenanzeige angesprochen fühlen, ist es ebenfalls wichtig, dass diese die wichtigsten Informationen zu allen für Sie bedeutsamen Aspekten der Arbeitsstelle enthält. Vergleichen Sie dazu auch den Aufbau und Inhalt einer idealtypischen Stellenanzeige.

Übungsfragen

Für Ihre persönliche Analyse sollten Sie sich im Vorfeld Gedanken machen, was Ihnen wichtig ist. Fragen Sie sich daher:

- Für was für ein Unternehmen möchten Sie arbeiten?
- Was für einen Kompetenz- und Verantwortungsbereich wünschen Sie sich?
- Welche Aufgaben reizen Sie?
- Welche Aufgaben möchten Sie lieber umgehen?
- Welche Ihrer Erfahrungen und Qualifikationen möchten Sie unbedingt einbringen, und welche Anforderungen liegen außerhalb Ihrer Möglichkeiten?

Schauen Sie sich auf dieser Basis das Stellenangebot genau an.

Eine Stellenanzeige sollte Informationen Folgendem enthalten:

- **Informationen zum Unternehmen:** In welcher Branche ist das Unternehmen tätig? Welche Größenordnung (Umsatz, Mitarbeiter) hat das Unternehmen? Gehört das Unternehmen zu einem größeren Konzern? Wie sieht die Produktpalette beziehungsweise das Dienstleistungsangebot aus? Wo ist der Firmensitz?
- **Informationen zu Position und Aufgabengebiet:** Wie ausführlich wird die zu besetzende Stelle beschrieben? Wie ist die ausgeschriebene Position exakt benannt? Welche Aufgabeninhalte und Verantwortungsbereiche hat die Position? Wie ist die Stelle in der Firmenhierarchie einzustufen? Sind Aufstiegsmöglichkeiten vorhanden? Sind Einarbeitungsmaßnahmen vorgesehen? Werden Aussagen zu Vergütung und Zusatzleistungen gemacht? Könnten Sie den gewünschten Eintrittstermin einhalten?
- **Qualifikationen des Bewerbers:** Welcher Ausbildungs- bzw. Studienabschluss beziehungsweise welche Schwerpunkte werden gewünscht? Wird Berufserfahrung oder zumindest Praxiserfahrung in Form von Praktika vorausgesetzt? Werden besondere Sprachkenntnisse oder Zusatzqualifikationen erwartet? Werden bestimmte Fach- oder Spezialkenntnisse besonders hervorgehoben? Welches Alter sollte der Bewerber haben? Werden besondere Anforderungen an die Mobilität gestellt? Werden besondere Charaktereigenschaften vom Bewerber erwartet?

Beantworten Sie sich jetzt die Frage, inwiefern Ihre Erwartungen und Vorgaben erfüllt werden beziehungsweise ob Angaben dazu gemacht wurden. Jetzt können Sie entscheiden: Lohnt sich eine Bewerbung? Müssen Sie noch weitere Informationen einholen? Sollten Sie von einer Bewerbung absehen?

Die Grundfrage der Stellenangebotsanalyse ist immer: Stimmen die aus Unternehmenssicht formulierten Aufgaben und Anforderungen weitgehend mit Ihren beruflichen und privaten Zielen und Fähigkeiten überein? !

Folgende weitere Fragestellungen können Ihnen im Rahmen der Anzeigenanalyse ebenfalls hilfreich sein:

- Können Sie die gestellten Anforderungen erfüllen und das auch belegen? Stellt die Position einen sinnvollen Einstieg beziehungsweise eine konsequente Weiterentwicklung Ihrer beruflichen Ziele dar?
- Können Sie Ihre wichtigsten Kenntnisse und Fähigkeiten in den Aufgabenbereich einbringen oder bleiben wesentliche Qualifikationen ungenutzt?
- Welche Vorteile bietet die Stelle gegenüber anderen Angeboten? Hierbei kommt es besonders auf eine realistische Einschätzung der am Markt gegebenen Alternativen an.

Damit Sie sich ein gutes Bild der am Arbeitsmarkt angebotenen Stellen verschaffen können, ist eine kontinuierliche Lektüre der Stellenanzeigen und des Wirtschaftsteils unabdingbar. Damit schärfen Sie Ihren Sinn für den Wahrheitsgehalt eines Stellenangebots. Sie entwickeln ein Gespür für das, was zwischen den Zeilen steht.

Der Analyseprozess

Die Analyse von Stellenangeboten lässt sich in verschiedene Schritte einteilen. Zuerst werden Sie natürlich den Stellenangebotsteil mehrmals überfliegen und die interessanten Stellenanzeigen markieren und ausschneiden. Es sollte selbstverständlich sein, dass Sie die Anzeige bis zum Ende des Bewerbungsprozesses aufbewahren. Insbesondere, wenn Sie Ihre Bewerbungsaktivitäten für die Bundesagentur für Arbeit dokumentieren müssen.

Versuchen Sie, sich beim Lesen nicht zu fixieren und Stellenangebote undogmatisch und offen zu lesen. Sie übersehen sonst leicht interessante Angebote, die nicht von einem Ihrer Wunschunternehmen stammen, aber dem angestrebten Arbeitsgebiet oder der erwünschten Position entsprechen. Wer sich auf den Produktionsleiter versteift, übersieht möglicherweise den Fertigungsleiter. Lesen Sie deshalb den Anzeigenteil zweimal. So übersehen Sie unauffällige, aber gute Angebote nicht so leicht.

Sobald Sie ein interessantes Stellenangebot ausfindig gemacht haben, gehen Sie die Kriterien für die Analyse von Stellenangeboten durch. Achten Sie vor allem auf die emotionale Ebene, ehe Sie sich im folgenden Schritt auf die sachliche Analyse konzentrieren.

Danach nehmen Sie eine Analyse der interessanten Anzeigen im Detail vor. Unterstreichen Sie die wichtigsten Informationen und Merkmale. Jetzt können Sie damit beginnen, einen Vergleich zwischen Anforderungsprofil und Ihrem persönlichen Qualifikationsprofil herzustellen. Erstellen Sie dazu eine Liste der wichtigsten Aufgaben, Verantwortungsbereiche und Anforderungen. Stellen Sie jedem Punkt auf der Liste gegenüber, was Sie in dieser Hinsicht zu bieten haben. Nehmen Sie in diesen Teil der Liste alles auf, was Sie über die Anforderungen des Unternehmens hinaus geleistet haben oder leisten können. Das Ergebnis Ihrer Bemühungen ist eine Tabelle, die auf beiden Seiten, vom Unternehmen gefordertes Soll und Ihr persönliches Ist, mehr oder minder große Lücken aufweist. Einerseits können Sie Dinge, die nicht gefordert wurden, andererseits erfüllen Sie manche Anforderungen des Unternehmens nicht.

In der folgenden Tabelle finden Sie eine Gegenüberstellung der Anforderungen, die in einer Anzeige der Firma Fegla Tec genannt wurden (= Soll), und den eigenen Qualifikationen (= Ist). Zusätzlich nimmt der Bewerber (Herr Kaufmann) noch Zusatzqualifikationen auf, die er aufgrund seiner Berufserfahrung nach dem Studium der Anzeige für wesentlich hält. Diese möchte er in seiner Bewerbung erwähnen, auch wenn sie nicht explizit gefordert wurden.

Soll-Ist-Vergleich	
Soll: **Anforderungen** **Anzeige Fegla Tec**	**Ist:** **Eigene Qualifikationen** **(Herr Kaufmann)**
Kunststoff- und Aluminiumprodukte, Isolierglas	• Arbeit mit verschiedenen Kunststoffen und Metallen während der Zeit bei Messebau Zimmermann
Glaser- oder Schreinermeister bzw. Techniker	• Ausbildung/Studium Holztechniker und Tischlermeister mit entsprechender mehrjähriger Berufserfahrung
Mitarbeiterführung	• Rund sechs Jahre Führungserfahrung (Mitarbeiter und Auszubildende) in verschiedenen Betrieben
Qualitätskontrolle	• Großes persönliches Qualitätsbewusstsein • Kalkulationskontrolle, Kontrolle des Maschinenparks, Terminüberwachung
Flexibilität	• Tätigkeit im Ausland • Anstellung in verschiedenen Betrieben und auf unterschiedlichen Positionen • Insgesamt breites Spektrum der bisher bearbeiteten Aufgaben
Belastbarkeit	• Leitung der Reklamationsabteilung bei Mann Mobilia • Notwendig bei meiner Projektarbeit
Teamgeist	• Notwendig bei meiner Projektarbeit
Ausbildung und Berufserfahrungen	• Ausbildung zum Betriebswirt des Handwerks • Zusatzqualifikationen: REFA-Schein, verhandlungssicheres Englisch oder umfassende EDV-Kenntnisse • Lernbereitschaft und Engagement, dokumentiert durch ständige Weiterbildung und Einarbeitung in neue Tätigkeitsfelder • Erfahrung in der Leitung und Durchführung von Kundenprojekten (Planung, Beschaffung, Personaleinsatz)

Im nächsten Schritt kommt es darauf an, dass Sie sich genau anschauen, welche Priorität den einzelnen Punkten des Anforderungsprofils zukommt. An der verwendeten Formulierung können Sie erkennen, welche Voraussetzungen Sie mitbringen müssen und wo Abstriche möglich sind.

Notwendige Voraussetzungen	Sinnvolle Voraussetzungen
• »Erfahrungen im Vertrieb von ... sind unabdingbar.« • »Sie verfügen über mindestens vier Jahre ...« • »Sie haben Berufserfahrung im Konsumgütermarketing von nicht unter ...«	• »Unser Idealkandidat hat ein Studium der ...« • »CAD-Kenntnisse wären wünschenswert.« • »Idealerweise verfügen Sie über Erfahrungen im Projektmanagement.«

Spätestens an dieser Stelle fällt auf, dass die Anforderungen, die in Stellenangeboten an die Bewerber gestellt werden, mitunter sehr hoch sind. Das kann verschiedene Gründe haben. Ein wichtiger Grund ist, eine möglichst starke Selbstselektion der potenziellen Bewerber zu erreichen. Das reduziert den Aufwand und die Kosten für die Personalauswahl für das inserierende Unternehmen. Es hat die Möglichkeit, nur zwischen den Besten entscheiden zu können. Je nach Arbeitsmarktlage, erhält man zudem die Chance, höher qualifizierte Mitarbeiter für eine Stelle zu interessieren, die sich sonst nicht beworben hätten. Das Unternehmen geht damit allerdings das Risiko ein, dass eventuell sogar überqualifizierte Bewerber mittelfristig durch ihre Unzufriedenheit das Betriebsklima belasten.

Wenn Sie sich auf eine Stelle bewerben möchten, sollten zwei Voraussetzungen gegeben sein:

- Sie sind davon überzeugt, dass diese Stelle die richtige für Sie ist und Sie der Richtige für die Stelle sind.
- Sie erfüllen die notwendigen Voraussetzungen und bringen den größten Teil aller sinnvollen Voraussetzungen mit.

Wenn Sie sich bezüglich dieser beiden Punkt nicht sicher sind, können Sie immer noch mit dem Unternehmen Kontakt aufnehmen, um nähere Informationen zu erhalten, ehe Sie sich gegen eine Bewerbung auf eine Stelle entscheiden, die das Zeug zu Ihrem »Traumjob« gehabt hätte. Erkundigen Sie sich, was der Verfasser des Stellenangebots unter »verhandlungssicherem Englisch« oder unter »umfassenden Erfahrungen im Bereich Marketing« versteht.

Tipp: Sie können sich das bildlich vorstellen, indem Sie das Anforderungsprofil des Unternehmens, das in der Stellenanzeige dargestellt wird, mit einer Hand vergleichen, auf die Ihre Qualifikationen wie eine zweite Hand genau passen müssen. Die beiden Hände müssen deckungsgleich sein.

Wenn Sie beginnen, Ihre Bewerbungsmappe zusammenzustellen, ist folgende Vorgehensweise empfehlenswert. Prüfen Sie für jeden Punkt in Ihrer Anforderungstabelle, wie Sie im Anschreiben, Lebenslauf und Qualifikationsprofil oder durch Arbeitsproben und den optischen Eindruck, den Ihre Mappe hinterlässt, belegen können, dass Sie die geforderten Voraussetzungen mitbringen. Vermeiden Sie, die Stellenanzeige in Ihrer Bewerbung abzuschreiben beziehungsweise ausführlich zu »zitieren«. Natürlich müssen Sie sich in der Reihenfolge Ihrer Argumente nicht an die Aufzählungen im Stellenangebot halten.

Erscheint Ihnen diese Vorgehensweise umständlich? Auf den ersten Blick sieht das zugegebenermaßen so aus. Doch nur so können Sie gewährleisten, dass Sie ein Stellenangebot nicht nur flüchtig überfliegen, zu dem Schluss kommen »Ja, das kann ich schon!« und nur oberflächlich auf die Annonce eingehen. Wenn Sie sich in einer Gruppe guter Bewerbungen vom Durchschnitt abheben wollen, ist es unabdingbar, dass Sie sich partnerorientiert verhalten. Das Unternehmen hat ein Problem, bei dessen Lösung Sie helfen können. Schreiben Sie jetzt nicht irgendetwas. Vor allem nicht was für ein »toller Hecht« Sie sind, sondern gehen Sie auf die einzelnen Probleme Ihres Ansprechpartners ein. Präsentieren Sie ihm den Nutzen, den er hat, wenn er Sie einstellt.

Nur wenn Sie sich ausgiebig mit Ihren Kompetenzen auseinander gesetzt haben (vergleiche »Die Potenzialanalyse« auf Seite 10ff.), diese mit den Wünschen des Unternehmens vergleichen und das Ergebnis Ihrer Überlegungen in Ihrer Bewerbungsmappe »rüberbringen«, werden Sie Erfolg haben. Eine ausführliche schriftliche Analyse kann dabei nur hilfreich sein.

Bedenken Sie auch, dass Sie nach diesen Punkten in einem Vorstellungsgespräch gefragt werden. Sie werden nach dieser Vorbereitung um keine Antwort mehr verlegen sein.

Sperrvermerke

Wenn Sie sich auf eine Chiffreanzeige oder eine Anzeige bewerben, die von einem Personalberater im Auftrag eines nicht genannten Unternehmens geschaltet wurde, gehen Sie das Risiko ein, sich bei einem Unternehmen zu bewerben, bei dem Sie nicht arbeiten möchten. Mit Hilfe eines Sperrvermerks lässt sich dieses Risiko minimieren.

Ein Sperrvermerk ist ein Zusatzblatt in Briefform mit der Überschrift oder der Betreffzeile »Sperrvermerk«, das der Bewerbung beigelegt wird. Im Sperrvermerk verzeichnen Sie für den Verlag oder die Personalberatungsgesellschaft die Unternehmen, an welche die Bewerbung nicht weitergeleitet werden soll. Sperrvermerke können zwar durchbrochen werden, aber rechtlich sind Verlage und Berater verpflichtet, dem nachzukommen und dem Bewerber die Unterlagen umgehend zurückzusenden.

Damit der Sperrvermerk nicht erst bemerkt wird, wenn Ihre Bewerbungsunterlagen bereits geöffnet und sogar schon studiert wurden, empfiehlt sich folgende Vorgehensweise:

- Kuvertieren Sie Ihr Anschreiben und Ihre Bewerbungsmappe. Das heißt, versehen Sie das Kuvert mit Absender, Anschrift und Kenn- oder Chiffrenummer, aber frankieren Sie den Umschlag nicht.
- Dieses Kuvert packen Sie zusammen mit Ihrem Sperrvermerk in einen etwas größeren Umschlag, den Sie mit Anschrift und Porto versehen. Führen Sie auf diesem Umschlag keine Kenn- oder Chiffrenummer an.

Da Ihr äußerer Umschlag nicht mit der Chiffrenummer versehen ist, muss er zum Beispiel im Verlag geöffnet werden, ehe man Ihre Bewerbung weiterleiten kann. Nach dem Öffnen wird der Sperrvermerk als Erstes gelesen und Ihre Bewerbung kann korrekt an Sie oder das inserierende Unternehmen weitergegeben werden.

Heinrich Eger
Landauer Straße 12
67334 Friedrichsfeld
06419/574901
eger@freeweb.de

23. Mai 2003

Rhein-Neckar-Presse GmbH
Postfach 10 16 61

68016 Mannheim

Sperrvermerk für die Kennziffer AGR 33 45 7

Sehr geehrter Herr Straube,

bitte leiten Sie meine Bewerbungsunterlagen nicht an die nachstehend genannten Unternehmen weiter.

1.	BASF AG	Ludwigshafen
2.	Aventis AG	Straßburg
3.	Klüber & Strauch GmbH	Stralsund
4.	Ehresfeld Chemie	Hannover
5.	Health Care & Bio-Science Inc.	Boston/Bremen

In diesem Fall bitte ich um die Rücksendung meiner Unterlagen. Im Voraus vielen Dank.

Mit freundlichen Grüßen

Beispiel für einen Sperrvermerk

Die Bewerbungsunterlagen

Individualität in Ihrer Bewerbung

Wie können Sie die eigene Individualität in Ihrer Bewerbung hervorheben? Unter dem Schlagwort »individuelle Bewerbung« versteht man zweierlei, nämlich eine interindividuelle und eine intraindividuelle Individualität der Bewerbungsunterlagen. Das bedeutet, Ihre Bewerbungsunterlagen müssen sich sowohl von den Unterlagen anderer Bewerber (interindividuelle Individualität) als auch von zuvor erstellten oder danach zu erstellenden eigenen Unterlagen (intraindividuelle Individualität) unterscheiden. Um eine solche Eigenständigkeit zu erreichen, können Bewerber auf verschiedene Gestaltungselemente zurückgreifen.

Optische und formale Gestaltungselemente

- Qualitativ hochwertige Bewerbungsmappen in Bezug auf Auswahl, Zusammenstellung und Präsentation der einzelnen Bewerbungsunterlagen auswählen.
- Bewerbungsunterlagen, die ein einheitliches persönliches Design im Sinne einer Corporate Identity aufweisen.
- Spezielle Bewerbungsfotos von einem professionellen Fotografen, welche die Gesichtszüge optimal präsentieren.
- Die äußere Form der Texte (DIN-Norm) und ihre Gliederung in einzelne sinnvolle Absätze stimmt.
- Optische Hervorhebungen durch Schriftarten, Zeichenformatierungen, Kopf- oder Fußzeilen und andere grafische Gestaltungselemente. Dabei sollten Sie allerdings nicht übertreiben.
- Einführen eines Deckblattes und einer Anlage zum Lebenslauf in Form einer Tätigkeitsbeschreibung oder eines Qualifikationsprofils.

Inhaltliche Gestaltungselemente

- Potenzialfaktoren, die anhand von konkreten Beispielen oder Situationen mit Leben gefüllt wurden, bieten beim Lesen ein plastisches, greifbares Bild der eigenen Person, das sich sehr viel besser einprägt als Leerformeln und Worthülsen.
- Spezifisch für jedes Unternehmen entwickelte Formulierung des Anschreibens statt der Übernahme von Formulierungen aus der Literatur oder vorangegangenen eigenen Anschreiben.
- Betonen Sie persönliche Stärken in den Texten.
- Genauer, plastischer und aussagekräftiger Lebenslauf.
- Anpassung der kompletten Bewerbungsunterlagen an das Unternehmen.

Das waren nur einige optische, formale und inhaltliche Möglichkeiten von vielen, die in diesem Buch vorgestellt werden. Entwickeln Sie eigene Ideen und stimmen Sie diese auf Ihre Bewerbungssituation ab. Eine allgemeine Richtschnur, welche Möglichkeiten gut oder schlecht sind, gibt es leider nicht. Somit begibt sich der Bewerber immer auf eine Gratwanderung:

- Die Bewerbung ist konservativ und unscheinbar, deshalb wird ihr wenig Beachtung geschenkt.
- Die Bewerbung ist in negativer Hinsicht auffällig und wird als indiskutabel abgelehnt.

Die oben kurz dargestellten Gestaltungsmöglichkeiten sollen Ihnen helfen, eine im positiven Sinne auffällige Bewerbung zu konzipieren, die den Leser dazu anregt, sich eingehend mit Ihnen und Ihren Bewerbungsunterlagen auseinander zu setzen. Um beurteilen zu können, welche Gestaltungselemente verwendet werden, ist es unumgänglich sich genau über das Zielunternehmen und seine Branche zu informieren.

Tipp: Bevor Sie sich gestalterisch und inhaltlich mit einer Bewerbung auseinander setzen, sollten Sie so viele Informationen über ein Unternehmen einholen wie nur möglich. !

Bestandteile der Bewerbungsmappe und deren Wichtigkeit

Welche Bestandteile eine Bewerbungsmappe hat, kann nicht pauschal beantwortet werden. Erst nachdem Sie sich Gedanken über die Rahmenbedingungen Ihrer Bewerbung gemacht haben, können Sie an das Zusammenstellen Ihrer Bewerbungsmappe gehen. Wir wollen dabei zwei Fälle unterscheiden.

Wenn Sie auf eine Anzeige im Internet oder in einer Zeitung antworten, dann werden zumeist ausführliche oder vollständige Bewerbungsunterlagen gefordert. Das bedeutet, dass Ihre Mappe zumindest Anschreiben, Lichtbild und Lebenslauf, Arbeits- und Ausbildungszeugnisse sowie Weiterbildungsnachweise (eventuell auch Schulzeugnisse) enthalten sollte. Ob Sie darüber hinausgehend noch weitere Bestandteile in Ihre Bewerbung aufnehmen möchten, liegt an Ihnen. Referenzen müssen nur dann angegeben werden, wenn dies ausdrücklich gefordert wurde.

Wenn Sie im Rahmen Ihrer persönlichen Bewerbungsstrategie selbst die Initiative ergreifen, dann können Ihre schriftlichen Bewerbungsunterlagen durchaus weniger umfangreich sein. Beispielsweise können sie zur ersten Kontaktaufnahme und zur Bedarfsklärung auf Kurzbewerbungen zurückgreifen, die nur ein Anschreiben oder ein Anschreiben und ein Kurzprofil enthalten. Für Sie stellt sich also zuerst die Frage: »Aus welchen Bestandteilen soll eine zu meiner Bewerbungsstrategie passende Bewerbungsmappe bestehen?« (Die entsprechende Checkliste finden Sie auf der nächsten Seite.)

Welche dieser Unterlagen in eine Bewerbung gehören und wie diese jeweils zu gestalten sind, muss von Fall zu Fall neu entschieden werden. Abhängig ist diese Entscheidung von Ihrem persönlichen Geschmack und Stil, von der konkreten Stelle und vom Unternehmen, bei dem Sie sich bewerben.

Das individuelle Zusammenstellen und Gestalten der Bewerbungsunterlagen für ein bestimmtes Unternehmen macht für den Bewerber sehr viel Mühe. Deshalb ist es vorteilhaft zu wissen, welche Bestandteile Ihrer Bewerbungsmappe in den Augen der Personalchefs besonders wichtig sind. Denn das sind die Bewerbungsunterlagen, die zuerst und am intensivsten analysiert werden und

Checkliste: Bestandteile einer Bewerbungsmappe		
Notwendige Bestandteile	**Empfehlenswerte Bestandteile**	**Zusätzliche Bestandteile**
• DIN/B4-Kuvert • Mappe • Anschreiben • Lichtbild • Lebenslauf • Arbeitszeugnisse • Ausbildungs-/ Studienzeugnisse • Weiterbildungs nachweise/ Zertifikate	• Deckblatt • Qualifikationsprofil • Schulzeugnisse	• Arbeitsproben • Referenzen • Publikationsliste • Exposé von Veröffentlichungen • Arbeits-, Stellenbeschreibung

auf denen die erste Auswahlentscheidung (Einladung zum Vorstellungsgespräch) im Wesentlichen beruht. Für den Bewerber folgt daraus, dass er gerade bei den wichtigsten Bestandteilen seiner Bewerbungsmappe auf besondere Qualität achten sollte.

Natürlich gibt es individuelle Unterschiede in den Präferenzen der Personalverantwortlichen, aber welches sind die im Durchschnitt am meisten beachteten Bestandteile der Bewerbungsmappe? In Zeiten dünner Personaldecken und großer Bewerberzahlen spielt der erste Eindruck, der durch die äußere Gestaltung, die Mappe, das Deckblatt und das Lichtbild geprägt wird, eine besondere Rolle. Als Erstes fällt dem Leser normalerweise das Anschreiben in die Hände. Das Anschreiben ist damit der erste Bestandteil der Bewerbungsmappe, der dem Leser inhaltliche Informationen zum Beispiel über die Gründe der Bewerbung liefert. Wahrscheinlich kommen dann der tabellarische Lebenslauf als übersichtlicher Überblick über die bisherige Entwicklung des Bewerbers sowie die Arbeitszeugnisse neueren Datums.

Bemerkenswert ist, dass gerade nicht die Unterlagen im Vordergrund stehen, die am besten eine objektive Auskunft über die Qualifikation des Bewerbers geben könnten (Arbeitszeugnisse), sondern vom Bewerber selbst verfasste – also leicht beeinflussbare – Bewerbungsbestandteile.

Reihenfolge der Bewerbungsunterlagen

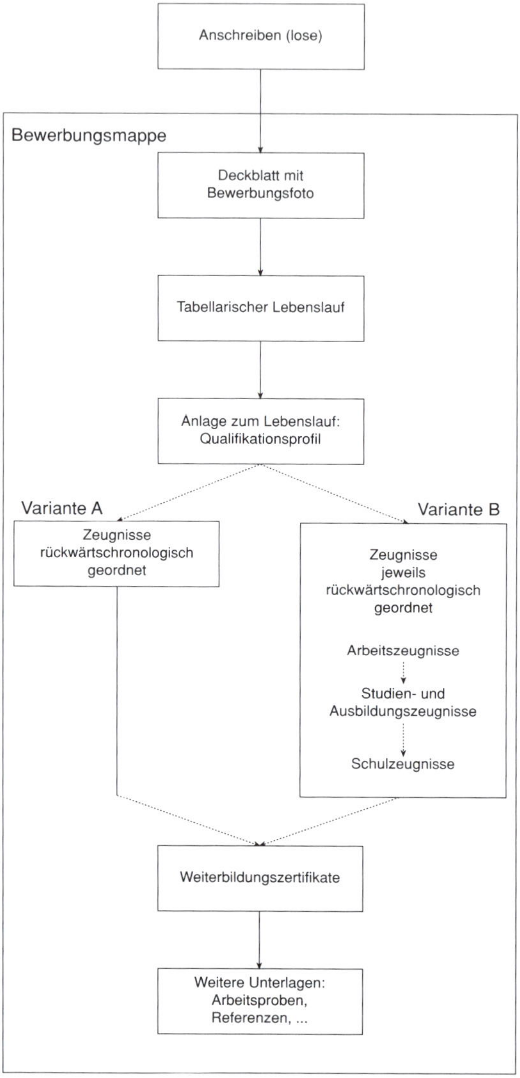

Da Sie nun die wichtigsten Bewerbungsunterlagen kennen, sollten Sie bei deren Zusammenstellung darauf achten, dass Sie die wichtigsten Unterlagen so weit vorne wie möglich anordnen. **Der erste Eindruck prägt!**

Die Abbildung zeigt zwei Möglichkeiten für die Reihenfolge der Bewerbungsunterlagen, wobei jeweils alle möglichen Bestandteile berücksichtigt werden.

Unabhängig davon, welche Ordnungsmethode Sie bevorzugen, sollten Sie einige Hinweise beachten. Die Variante A empfiehlt sich vor allem dann, wenn wenige Zeugnisse vorliegen (zum Beispiel Studienabsolventen, Berufsanfänger). Variante B dagegen ist vorteilhaft, wenn eine größere Anzahl von Zeugnissen übersichtlich geordnet werden muss. Beachten sie dabei, dass Sie einen einmal gewählten Ordnungsstil bis zum Ende durchhalten. Unabhängig davon, welche Variante Sie bevorzugen, sollte die Anordnung der Zeugnisse immer retrograd chronologisch erfolgen, sodass das jüngste und damit aussagekräftigste Zeugnis oben liegt. Diese Ordnung erleichtert dem Leser die Orientierung, sodass er schnell die wichtigsten Informationen findet. Grundsätzlich gilt, je länger die Ausbildung und vor allem der Schulbesuch zurückliegen, desto wichtiger werden die Arbeitszeugnisse. Achten Sie hierbei auf Vollständigkeit, gerade bei den jüngeren Arbeitszeugnissen. Die Schulzeugnisse legen sie höchstens der Vollständigkeit halber bei. Wenn Sie über große Mengen von Zeugnissen und Zertifikaten verfügen, dann sollten diese auf das Wesentliche reduziert werden. Sie stellen keinen Katalog zusammen! Was zu viel ist, wird nur selten beachtet. Es ist beispielsweise zweifelhaft, ob ein dreitägiger EDV-Kurs viel gebracht hat oder zumindest ob er den Leser von Ihrer Qualifikation zu überzeugen vermag.

Tipp: Durch eine geschickte Auswahl von Zertifikaten können Sie Ihre Bewerbungsunterlagen zusätzlich auf die angestrebte Stelle abstimmen. Um die Bewerbungsunterlagen leserfreundlich zu gestalten, empfiehlt es sich bei einer großen Zahl von Anlagen, besonders auf eine leichte Orientierung zu achten. Hilfreich ist dabei ein nach dem Lebenslauf oder Qualifikationsprofil eingefügtes Anlagenverzeichnis. Durch dezent farbiges Papier oder Register lassen sich Zeugnisse und Zertifikate zudem übersichtlich systematisieren.

Checkliste: Die allgemeine Form von Bewerbungsunterlagen

Die wichtigsten Tipps zu den Bewerbungsunterlagen haben wir für Sie nochmals stichwortartig zusammengefasst, damit Sie Ihre Zusammenstellung leicht überprüfen können, bevor Sie Ihre Bewerbung abschicken. Kopieren Sie am besten die folgende Checkliste und haken Sie jeden einzelnen Punkt deutlich sichtbar ab. Ebenso können Sie Ihre eigenen Tipps in die Checkliste aufnehmen. Prüfen Sie diese zuvor mit Hilfe dieses Buches.

Die komplette Checkliste finden Sie auch unter **www.komquadrat.de, www.einzigartig-bewerben.de** oder **www.beltz.de/buecher/einzigartig-bewerben.htm** im Internet.

Checkliste Bewerbungsunterlagen

- »Aussagekräftige«, »übliche« oder »vollständige« Bewerbungsunterlagen bestehen aus einem Anschreiben, einem Lebenslauf mit Foto und Zeugniskopien. Weitere Unterlagen oder Anlagen sind jederzeit möglich und sinnvoll.
- Beachten Sie Inhalt und Reihenfolge der einzelnen Unterlagen genau! Je wichtiger das Dokument ist, desto weiter vorne wird es abgeheftet.
- Das Anschreiben wird lose beigelegt, die anderen Unterlagen werden in eine professionelle Bewerbungsmappe eingeheftet. Dabei sind der Stil und die Farbe der Mappe zu beachten.
- Für Anschreiben und Lebenslauf nur gutes (ab 80g/m^2), weißes, nicht-liniertes DIN-A4-Papier verwenden, eventuell mit Wasserzeichen.
- Eigenes Briefpapier oder selbst entwickeltes Briefpapier mit Namen und Anschrift kann verwendet werden, wenn es ein dezentes Design hat.
- Anschreiben und Lebenslauf sollten mit einem Computer entwickelt und mit gutem Tintenstrahl- oder Laserdrucker ausgedruckt werden.
- Die Firmenanschrift sollte speziell auf die korrekte Schreibweise des Firmennamens und die Rechtsform des Unternehmens hin überprüft werden.
- Falls der Name des Ansprechpartners bekannt ist, sollte dieser verwendet werden. Gegebenenfalls erfragen Sie diesen telefonisch.
- Nie radieren, verbessern, durchstreichen oder mit Tipp-Ex arbeiten. Immer neu schreiben!
- Rechtschreibung, Zeichensetzung, Grammatik müssen fehlerlos sein.
- Auf übersichtliche, klare Gliederung und sinnvolle Absätze achten. Gute Platzeinteilung und ausreichende Ränder sind wichtig. Das Anschreiben sollte nach den allgemeinen Standards für einen Geschäftsbrief aufgebaut werden (DIN 5008).
- Am besten wirkt eine lesbare Unterschrift mit blauer (oder schwarzer) Tinte unter Anschreiben, Lebenslauf und Qualifikationsprofil. Kein Autogramm und keine »Ärzte-Unterschrift«. Andere Farben kommen ebenso wie eine mit Kugelschreiber geschriebene Unterschrift nicht so gut an.
- Flecken, Eselsohren oder zerknittertes Papier fallen extrem negativ auf. Versenden Sie also keine Fotokopien oder Bewerbungsmappen, denen man einen mehrfachen Postweg ansieht.

Sie möchten sicher nicht, dass an den Bewerbungsunterlagen deutlich wird, dass diese schon vorher von Absagen »gekrönt« wurden.

- Alle Kopien sollten die gleiche Qualität haben, das heißt, immer das gleiche Kopiergerät benutzen und keine neuen und gebrauchten Kopien mischen.
- Die Kopien müssen in einem sehr guten Zustand sein. Dennoch sollten diese nicht unbedingt in Prospekthüllen »eingeschweißt« sein. Vor allem darf der Personalverantwortliche die gesammelten Bewerbungsunterlagen nicht mühsam aus einer einzigen Hülle herausholen müssen.
- Keine Originalzeugnisse versenden. Zeugnisse nur auf ausdrücklichen Wunsch beglaubigen lassen. Lediglich das Anschreiben und der Lebenslauf sind Originale.
- Nur Abschlusszeugnisse verschicken (vor allem bei allgemein bildenden Schulen). Wenn ein solches noch nicht vorliegt, einen Notenspiegel vom Sekretariat erstellen lassen. Notfalls erstellen Sie diesen selbst.
- Mehrere Praktika in einem Unternehmen können in einem Zeugnis zusammengefasst werden. Mit der Bewerbung sollte keine Papierlawine über den Personalchef hereinbrechen, daher unbedingt die zu versendenden Zeugnisse sorgfältig auswählen. Nicht jeder Tageskurs muss nachgewiesen werden.
- Stelleninhaber ohne Zwischenzeugnis können eine eigene Tätigkeitsbeschreibung anfertigen.
- Da Sie auch Wochen später noch wissen müssen, bei wem Sie sich wofür beworben haben und wie Sie dabei vorgegangen sind, sollten Sie von allen Unterlagen Kopien haben. Es wäre unangenehm, zu einem Vorstellungsgespräch eingeladen zu werden und nicht mehr zu wissen, worum es geht oder was Sie verschickt haben.
- Für den Versand sind pappverstärkte DIN-B4-Fensterumschläge optimal. Sie nehmen Bewerbungsmappen jeglicher Art auf und schützen vor Beschädigungen auf dem Postweg.
- Die Sendung von der Post auswiegen lassen. Der Adressat darf auf keinen Fall Nachgebühr bezahlen.
- Allzu originelle Bewerbungen sind nur in bestimmten Branchen beziehungsweise bei bestimmten Unternehmen ratsam.
- Vor dem Abschicken sollten die Bewerbungsunterlagen noch einmal von mehreren Personen Korrektur gelesen und überprüft werden. Wählen Sie dazu eine eigene »Personalkommission« aus.

Viele dieser Kriterien werden intuitiv eingehalten. Lassen Sie Ihre Bewerbungsunterlagen dennoch sorgfältig anhand dieser Checkliste von Freunden oder Bekannten überprüfen. Lesen Sie diese Tipps genau, denn Formfehler sind häufige, aber vermeidbare Fehler.

Diese Checkliste fasst nur die wichtigsten formalen Gesichtspunkte kurz zusammen. Genauere und weiter gehende Informationen zu jedem einzelnen der aufgeführten Ratschläge erhalten Sie in den entsprechenden Kapiteln dieses Bewerbungsratgebers.

Das äußere Erscheinungsbild der Bewerbungsunterlagen

Etwa 80 von 100 Bewerbungsmappen werden sofort aussortiert, da die Selbstpräsentation indiskutabel oder schlecht ist beziehungsweise nicht dem Niveau der Stelle entspricht. Damit ist eine perfekte Gestaltung der Bewerbung ein Muss! Inhaltlich-qualitative Aspekte spielen im ersten Auswahlverfahren keine Rolle; hier geht es nur um die Optik und den ersten Eindruck.

»Das Auge isst mit!« sagt man. Diese Redewendung gilt ebenso für Bewerbungsunterlagen. Aber entscheiden Sie selbst. Würden Sie lieber ein loses Bündel eselsohriger Blätter durchblättern oder würden Sie sich lieber an einer sauber und ordentlich zusammengestellten und abgehefteten Bewerbungsmappe verweilen?

Gerade wenn sehr viele Bewerbungen eingehen, haben die Entscheider nur wenig Zeit, sich mit den einzelnen Bewerbungsmappen auseinander zu setzen. Die Tatsache, dass Personalauswahlentscheidungen zusätzlich zum regulären Tagesgeschäft getroffen werden müssen, verschärft die Zeitnot der Entscheider zusätzlich. So verwundert es nicht, dass der erste Eindruck, der sich ja nur an äußerlichen Faktoren orientieren kann, schon zum Stolperstein wird.

Selbst wenn mancher Bewerber das nicht fair finden mag, da seine wahren Qualitäten ja im Verborgenen geblieben sind, kann er nicht leugnen, dass die Optik seiner Bewerbung doch einiges über ihn aussagt. Durch eine korrekte äußere Gestaltung signalisiert der Bewerber sein Interesse an der ausgeschriebenen Stelle und mithin am Unternehmen. Zudem drückt er durch seine Arbeit und Mühe aus, dass ihm die Bewerbung wichtig ist und er dem Ansprechpartner Wertschätzung entgegenbringt. Zuletzt sagt er eine Menge über sein eigenes Selbstverständnis aus.

Ob schriftlich oder im persönlichen Gespräch spielt der erste Eindruck, den Sie oder Ihre Bewerbung durch Ihr Äußeres hinterlassen, eine gewichtige Rolle bei der Einschätzung Ihrer Person.

- **Versandtasche:** Als Versandtasche empfehlen sich Kuverts des Formates B4, die in der Regel 1,45 Euro Porto kosten. Alle kleineren Formate wie A4 sind normalerweise zu klein für eine Bewerbungsmappe. Damit die Mappe möglichst unversehrt beim Empfänger ankommt, sollte eine kartonierte Versandtasche ausgewählt werden. Benutzen Sie entweder eine weiße Versandtasche mit bedrucktem Adressetikett oder eine braune Versandtasche mit Fenster. Leider sind weiße Versandtaschen mit Fenster nicht erhältlich.
- **Bewerbungsmappe:** Noch nie gab es auf dem Markt eine solche Vielfalt an Bewerbungsmappen wie im Moment. Vom Schnellhefter über zwei-, drei- oder vierteilige Mappen bis hin zu selbst gebastelten Mappen ist in jeder Ausführung und Preiskategorie etwas zu finden. Das wichtigste Kriterium für die Auswahl Ihrer Mappe sollte sein, dass diese auf jeden Fall einen qualitativ hochwertigen Eindruck hinterlassen muss.

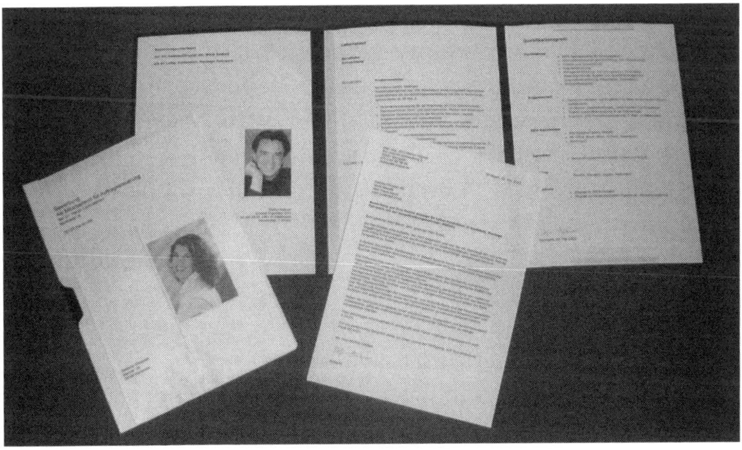

Einfacher Klemmordner und aufwändige dreiteilige Bewerbungsmappe

!

Wenn Sie vor der Entscheidung stehen »Welche Bewerbungsmappe kaufe ich? Reicht auch ein Schnell- oder Klemmhefter aus? Oder gestalte ich meine Bewerbungsmappe selbst?«, dann sollten Sie die folgenden beiden Punkte bedenken:

- **Die Mappe muss zu Ihrer Persönlichkeit passen.** Sind Sie eher ein direkter und geradliniger Typ oder mögen Sie es aufwändiger? Zwischen Ihrem Auftreten im Gespräch, dem was und wie Sie schreiben und der äußeren Gestaltung Ihrer Bewerbungsunterlagen sollte es keine Diskrepanzen geben.
- **Die Mappe sollte gleichzeitig zu der Stelle passen, für die Sie sich bewerben.** Handelt es sich um eine Führungsposition im mittleren oder oberen Management oder schlagen Sie eher eine Fachlaufbahn ein? Werden Sie Kundenkontakt haben und das Unternehmen nach außen repräsentieren?

Da wir die Strategie verfolgen, lieber weniger Bewerbungen zu schreiben, diese aber in jeder Hinsicht so gut wie möglich zu gestalten, raten wir, auf einfache Hefter zu verzichten und eine hochwertige Bewerbungsmappe zu verwenden. Diese sind zwar deutlich teurer, wirken aber edler und hochwertiger. Sie drücken damit besser Ihr Engagement für die Bewerbung aus und zeigen Ihre Wertschätzung für das Unternehmen, bei dem Sie sich bewerben.

Wenn Sie uns so weit gefolgt sind, dann stehen Sie jetzt vor der Aufgabe, aus der großen Zahl unterschiedlicher Systeme das für Sie passende auszuwählen.

Es gibt Mappen in verschiedenen Farben und Größen (zwei-, drei- und vierteilig), mit verschiedenen Heftmechanismen (Schienen, Klemmen, Laschen), aus verschiedensten Materialien (Wellpappe, Karton, Plastik, Kunstleder), mit unterschiedlich bearbeiteten Oberflächen (glatt und glänzend, matt, genarbt, geprägt) und nicht zuletzt auch in unterschiedlichen Preiskategorien. Sogar beduftete Bewerbungsmappen sind erhältlich. Welche ist die Richtige?

Da die Mappenfarbe das Erste ist, was der Personalentscheider zu Gesicht bekommen wird, spielt diese eine besondere Rolle. Wir empfehlen eher dunkle, gedeckte Farben. Knallige, grelle Farben oder bunte Mappen sind nur in ganz wenigen Ausnahmesituationen angebracht. Schwarz oder weiß wirken nicht so gut wie dunkelblau, königsblau, bordeauxrot, schattengrau und einige Brauntöne.

In der Praxis haben sich **dreiteilige Mappen** als vorteilhaft erwiesen, wenn Sie außer mit Ihrem Lebenslauf, auch mit einem Deckblatt und einem Qualifikationsprofil arbeiten. Das Anschreiben spielt bei dieser Entscheidung keine Rolle, da es lose auf oder in der Bewerbungsmappe liegt. Manche Bewerbungssysteme liefern gleich einen Vorschlag zur Aufteilung mit. Meist können Sie diese Beispiele getrost ignorieren, da oft empfohlen wird, das Anschreiben einzuheften, was Sie keinesfalls tun sollten.

Heftschienen und Klemmmechanismen (wenn diese nicht zu groß sind) haben sich im Praxisgebrauch als praktikabler erwiesen als die klassische Schnellheftvorrichtung.

Bei den **Materialien** bevorzugen wir feste Kartonmappen, deren Oberfläche ein natürliches Feeling ausstrahlt. Auch wenn wahrscheinlich niemand das Gefühl beim Anfassen einer Bewerbungsmappe zum Auswahlkriterium erheben würde, so ist die Haptik doch mit entscheidend dafür, dass Ihre Mappe gerne zur Hand genommen wird. Erfahrungsgemäß sind Karton und Papier Plastik in dieser Hinsicht überlegen.

Eine geprägte **Oberfläche** kann eine positive Präsentation noch unterstützen. **Duftmappen** sind sicherlich übertrieben. Die Duftnote ist zu sehr eine Geschmackssache. Wir raten Ihnen für dieses Geld lieber etwas besseres Papier zu kaufen.

Ihre Bewerbung sollte durch ihre Natürlichkeit und schlichte Eleganz ausdrücken, dass diese Bewerbung für Sie selbst etwas wert ist.

Internettipp: Fast alle großen Büroartikelhersteller haben auch Bewerbungsmappen in ihrem Sortiment. Dazu kommen noch viele kleine Spezialvertriebe:

Hersteller	**Internetadresse**
BEWEMA	http://members.aol.com/nfeldmann/bewema/index.html
Business-Line	www.bewerbungsmappe.de
Elba Bürosysteme	www.elba.de
Pagna	www.pagna.de
Schreibbüro Wellinghoff	www.bewerbungsmappen.de
Stratag	www.stratag.de

Papier

Bei der Auswahl des richtigen Papiers spielen vor allem die Faktoren Farbton, Oberflächentextur und Gewicht eine Rolle. Abhängig von Ihrer Oberflächentextur und Dichte wirken schwerere Papiere bisweilen leichter als sie tatsächlich sind. Als Daumenregel empfehlen wir, ein Papier auszuwählen, das mindestens als 80 g/m² wiegt. Die Oberflächenbeschaffenheit ist eine persönliche Geschmacksfrage. Am ehesten kann man noch empfehlen, kein zu glattes Papier zu verwenden. Das Papier muss sich gut anfassen; es muss einen guten haptischen Eindruck hinterlassen. Ebenso ist der Farbton des Papiers eine Frage des persönlichen Geschmacks. Grundsätzlich sollte das verwendete Papier weiß sein. Aber weiß ist nicht gleich weiß, und Sie haben eine große Auswahl zwischen verschiedenen helleren, dunkleren oder cremefarbigen Weißtönen. Ob Sie darüber hinausgehend **Papier mit Wasserzeichen** verwenden möchten, liegt an Ihnen. Ein Wasserzeichen kann der Bewerbung einen edlen Touch verleihen, es kann aber auch leicht übertrieben wirken. Allerdings sollten Sie nicht verschiedene Papiersorten mischen. Also schreiben Sie Ihr Anschreiben nicht auf edelstes Papier, während Sie Ihre Zeugnisse auf billigstes Kopierpapier kopieren.

Wenn Sie sehr umfangreiche Bewerbungsunterlagen haben, von denen Sie so überzeugt sind, dass Sie nichts davon weglassen möchten, dann kann es sinnvoll sein, beispielsweise die Arbeitszeugnisse und die Weiterbildungszertifikate durch farbige Trennblätter zu trennen. Bei der Verwendung farbiger Register sollten Sie die gleichen Kriterien beachten wie bei der Farbwahl Ihrer Bewerbungsmappe, zu der die Trennblätter farblich passen müssen. Die Zeugnisse und Zertifikate selbst auf verschiedenfarbige Blätter zu drucken ist nur in Ausnahmefällen sinnvoll.

Formatierung

Mit den beiden Schriftarten Arial und Times New Roman kann man normalerweise nichts falsch machen. Viele Unternehmen benutzen diese Schriftarten selbst. Und was Unternehmen in ihrer Geschäftskorrespondenz tun, kann für Ihre Bewerbung nicht plötzlich gänzlich falsch sein.

Arial	Times New Roman

Auch mit der Schriftart, die Sie für Ihre Bewerbung auswählen, können Sie aus der Masse hervorstechen. Beachten Sie dabei den Charakter der Schrift. Beispielsweise wirken die Schriftarten Optimum und Function edel, sie unterscheiden sich insgesamt aber stark. Während Optimum einen höheren Grad an Seriosität und Konservativität ausstrahlt, wirkt Function modern und geradlinig.

Optimum	Function

Etwas peppiger wirken die folgenden Schriften.

Tahoma	Verdana
Century Gothic	Lucida sans Unicode
AvantGarde Bk BT	

An diesen Beispielen können Sie sehen, wie unterschiedlich die Schriften ausfallen, obwohl bei allen Schriftarten die gleiche Größe gewählt wurde. Manche wirken größer, andere sogar fett.

Die **optimale Schriftgröße** ergibt sich aus der natürlichen Schriftgröße der Schriftart und dem Zeilenabstand. Je kleiner die Schrift wirkt und je kleiner der Zeilenabstand gewählt wird, desto größer sollte die Schriftgröße eingestellt werden. Die gebräuchlichsten Schriftgrößen liegen zwischen 10 und 12 Punkt für den Text. Bei der Verwendung von Fußzeilen empfehlen wir, die Schriftgröße auf 6 bis 8 Punkt zu reduzieren. Entsprechend ihrer Hierarchieebene muss die Schriftgröße bei Überschriften (16 Punkt) vergrößert werden.

Den **Zeilenabstand** sollten Sie passend zur Schriftgröße wählen:

Schriftgröße	Zeilenabstand
10	1,5
12	1 oder 1,5

Die Formatierung und die Gliederung des Textes sollen gewährleisten, dass bei jeder beliebigen Mappe der Text jederzeit problemlos sichtbar und lesbar ist.

Grafische Gestaltung

Bei der grafischen Gestaltung sollten Sie vorsichtig sein. Verzichten Sie im Zweifelsfalle lieber auf unnötigen »Firlefanz« und kehren Sie zu einer einfachen aber stilvollen Gestaltungslinie zurück. Moderne Textverarbeitungsprogramme bieten meist eine Vielzahl unterschiedlicher grafischer Gestaltungselemente: fett, kursiv, unterstrichen, Kapitälchen, Schattierungen, Schriftfarben und WordArts. Beschränken Sie sich auf einige wenige Stilmittel, die Sie dann immer einheitlich in der gesamten Bewerbung verwenden:

- Beispielsweise Fettdruck bei Hervorhebungen im Text oder bei Überschriften. Die Praxis zeigt, dass gerade Überschriften häufig uneinheitlich formatiert und ausgerichtet werden.
- Schriftfarbe Grau (50–75 Prozent) in Fußzeilen.

Versuchen Sie lieber nicht zu demonstrieren, dass Sie alle Zeichenformatierungen Ihres Textverarbeitungsprogramms kennen.

Zur grafischen Gestaltung der Bewerbung gehört es, den Text durch Absätze oder Linien leserfreundlich zu gliedern. Achten Sie auch hier wieder auf Einheitlichkeit. Sie wollen doch nicht, dass die Absätze zwischen den Textblöcken unterschiedlich groß sind. Wenn Sie Kopf- oder Fußzeilen verwenden, so können Sie diese durch waagrechte Linien vom Textkörper trennen. Tabellarische Lebensläufe können durch senkrechte oder waagrechte Linien in inhaltlich zusammengehörige Segmente gegliedert werden: die Zeitleiste links, den Textblock rechts oder Trennung der persönlichen Daten von der beruflichen Entwicklung und der Ausbildung im Verlauf des Textes.

Damit hierbei die notwendige Präzision gewahrt bleibt, empfehlen wir, den Text in eine Tabelle einzugeben und die entsprechenden Linien einzublenden. Vielen Benutzern fällt es leichter mit Tabellen zu arbeiten, als Tabulatoren zu verwenden.

Das Anschreiben

Wesentliche Funktionen des Anschreibens

Das Anschreiben ist einer der wichtigsten Bestandteile erfolgreicher Bewerbungsunterlagen. Da es dem Leser als Erstes in die Hände fällt, ist es die erste inhaltliche »Visitenkarte«, die Sie als Bewerber abgeben. Für Sie als Bewerber erfüllt das Anschreiben wichtige Funktionen. Neben seinem Beitrag zum ersten Eindruck, ist es das Instrument, welches einen positiven Kontakt zum Leser herstellt. Zum Beispiel indem Sie auf den Leser und dessen Bedürfnisse eingehen. Mit dem Anschreiben ist das in viel größerem Maße möglich als mit dem Lebenslauf. Das Anschreiben hilft Ihnen, beim Leser Interesse an Ihrer Person und Ihren einzigartigen Qualifikationen zu wecken. Damit erhöhen Sie die Wahrscheinlichkeit, dass Ihre Bewerbungsmappe intensiver studiert wird und nicht alleine nach dem ersten Eindruck beurteilt wird. Zuletzt ermöglicht Ihnen das Anschreiben, vorab Erläuterungen zum Lebenslauf zu geben.

Für den Leser erfüllt das Anschreiben mehrere wesentliche Aufgaben. Mit dem Anschreiben stellt sich der Bewerber in schriftlicher Form beim Personalentscheider vor. Am Inhalt und der Form, in der das Anschreiben verfasst ist, wird der Arbeitsstil des Bewerbers schnell deutlich, somit dient es auch als exemplarische Arbeitsprobe. Insgesamt lässt sich aus der Lektüre des Anschreibens vieles über die Stärken und Eignung, aber vor allem auch die Motivation und das Selbstverständnis des Bewerbers ableiten. Im Umkehrschluss können Sie daraus einige Schlussfolgerungen ableiten.

Tipp: Nutzen Sie das Anschreiben zur Profilierung und beantworten Sie darin die zentralen Fragen der Personalentscheider:

- Warum bewerben Sie sich auf diese Position?
- Welche Anforderungen erfüllen Sie in Bezug auf das jeweilige Profil der Stelle?
- Welche interessanten Zusatzqualifikationen haben Sie für das Unternehmen?
- Werden Sie sich in das Unternehmen einarbeiten und sozial integrieren können?

Mit dem Anschreiben sollten Sie beim Adressaten Interesse wecken. Ein sorgfältig formuliertes Bewerbungsschreiben macht den Empfänger neugierig auf die übrigen Bewerbungsunterlagen. Dieser Zielsetzung werden leider nur wenige Bewerbungsschreiben gerecht. Oftmals werden schon die einfachsten Regeln hinsichtlich Inhalt und Form nicht beachtet. So entsteht beim Adressaten der Eindruck, dass der Bewerber kein allzu großes Interesse am Unternehmen hat und sich dementsprechend nur flüchtig mit der Bewerbung beschäftigte.

Das Anschreiben sowie die Formulierung des Lebenslaufs sind eine wichtige Voraussetzung für ein persönliches Gespräch. Geringe Erfolgschancen haben oberflächlich gehaltene Schreiben, die sich nicht an den speziellen Anforderungen der jeweiligen Stelle orientieren. Auch Floskeln und überheblich wirkende Formulierungen sollten im Anschreiben vermieden werden. Eine klare, verständliche Sprache hilft, Ihre individuellen Beweggründe für die Bewerbung aufzuzeigen und so dem Leser Ihr Interesse und Ihre Qualifikation zu vermitteln.

Aufbau des Anschreibens

Die wesentlichen Elemente des Anschreibens können in den formalen Rahmen des Briefs und Einleitung, Hauptteil und Schluss des Textblocks gegliedert werden. Dieser formale Rahmen sollte zumindest in Anlehnung an die DIN-Norm 5008 gestaltet werden. Er setzt sich aus den folgenden Bestandteilen zusammen:

- Briefkopf mit der Anschrift des Adressaten und der Adresse des Absenders,
- Datum,
- Betreffzeile sowie den
- Anlagen.

Tipp: Zählen Sie nicht die einzelnen Dokumente Ihrer Anlagen auf!

Wir halten es für wichtiger, einen übersichtlichen und gut gegliederten Brief zu schreiben, als die DIN-Normen sklavisch einzuhalten. In begründeten Fällen sind Abweichungen durchaus sinnvoll, beispielsweise bei der Gestaltung eines individuellen Briefkopfs in einer Kopfzeile. Im folgenden Text setzen wir uns daher stärker mit den Inhalten eines erfolgreichen Anschreibens auseinander.

Die **Einleitung** beginnt mit der Anrede des Gesprächspartners. Bei Initiativbewerbungen, aber auch bei vielen Stellenanzeigen ist der eigentliche Ansprechpartner für die Bewerbung unbekannt. In diesen Fällen sollten Sie versuchen, durch Recherchen zum Beispiel im Internet oder einen gezielten Telefonanruf – vor allem dann, wenn in der Stellenanzeige eine Telefonnummer angegeben wurde – den zuständigen Ansprechpartner zu eruieren. Der eigentliche Einstieg in das Anschreiben gelingt leichter, wenn Sie Vorinformationen haben, auf die Sie sich in den ersten Sätzen des Textes beziehen können.

- Beispielsweise können Sie sich für das angenehme Telefonat bedanken, das Sie in Ihrer Überzeugung bestärkt hat, sich bei diesem Unternehmen zu bewerben.
- Sie können konkrete Inhalte oder Absprachen aufgreifen, die Sie in Ihrem Telefongespräch mit dem Adressaten der Bewerbung getroffen haben.

Das in der Stellenbeschreibung definierte Anforderungsprofil können Sie als Orientierung nehmen. Sie sollten es aber nicht zitieren oder nacherzählen, sondern in eigenen Worten formulieren, ergänzt durch zusätzliche Informationen, die Ihre Sachkenntnis und Erfahrung beweisen. Dabei müssen Sie keineswegs auf jeden Punkt des Anforderungsprofils eingehen.

Sie können sich auch auf aktuelle politische, wirtschaftliche oder unternehmensspezifische Meldungen beziehen, die zeigen, dass Sie Kenntnisse und damit Interesse an dem Unternehmen und seiner Branche haben. Stellen Sie dabei eine Beziehung zwischen der entsprechenden Meldung und dem Unternehmen her, die Ihnen helfen kann zu erklären, warum gerade diese Information Ihr Interesse geweckt hat.

Sie können durchaus offensiv eine Behauptung nach dem Motto »Sie suchen ... Ich bin/habe ...« aufstellen, die Sie dann im Hauptteil entsprechend dem Anforderungsprofil begründen.

> **Tipp:** Aus den angeführten Argumenten kann der Grund für die Bewerbung abgeleitet werden, der in keinem Anschreiben fehlen darf. Beschränken Sie die Begründung Ihrer Bewerbungsaktivitäten bei einem Unternehmen nicht alleine darauf, dass am soundsovielten eine Stellenanzeige in Ihrer Tageszeitung erschienen ist, die angeblich Ihr Interesse geweckt hat. Das kann jeder Bewerber bei jeder Anzeige behaupten. Wichtig sind konkrete individuelle Argumente, die sich am spezifischen Bedarf des Unternehmens orientieren.

Der **Hauptteil des Anschreibens** dient vor allem dazu, in kurzen Sätzen eine klare Begründung der persönlichen Eignung und des Interesses an einem Arbeitsplatz darzustellen. Im Mittelpunkt sollte nicht die Beschreibung der eigenen Eigenschaften stehen, sondern der Nutzen, den ausgewählte persönliche Fähigkeiten, Charakterzüge, Stärken und Erfahrungen für das Unternehmen darstellen.

Beschreiben Sie also im Hauptteil des Anschreibens grob Ihre Stärken und Fähigkeiten. Stellen Sie die für die Stelle wesentlichen Aspekte Ihres Persönlichkeitsprofils dar. Oder geben Sie Beispiele für Aufgaben, Projekte oder Erfahrungen, die Sie in Ihrer bisherigen Berufstätigkeit gesammelt haben. Verkneifen Sie es sich aber, an dieser Stelle viele einzelne Qualifikationen in einem langen Satz aufzuzählen, die in dieser Form und Reihenfolge vielleicht sogar in der Stellenanzeige genannt wurden. Konzentrieren Sie sich lieber auf einige wenige, dafür aber besonders wichtige und treffende Qualifikationen, die Sie anhand eines oder mehrerer Beispiele demonstrieren.

Mit Beispielen zu arbeiten hat viele Vorteile:

- Lange Aufzählungen wirken abstrakt, unpersönlich und letztendlich langweilig. Außerdem besteht die Gefahr, dass der schnelle Leser nach dem dritten Glied der Aufzählung beginnt, die ersten Aufzählungsglieder wieder zu vergessen.
- Beispiele, die sich an realen Situationen aus Ihrem Berufsleben orientieren, demonstrieren Ihre Praxisnähe. Sie beweisen damit auch, dass Sie wissen, wovon in der Anzeige die Rede ist.

- Situationen, die wir uns vorstellen können, weil wir sie so oder so ähnlich selbst schon einmal erlebt haben, bewirken, dass Ihre Ausführungen lebendiger wirken. Damit sind sie leichter lesbar und bleiben besser im Gedächtnis haften. Erinnern Sie sich besser an Bilder oder an trockene Fakten?

Ein Bild sagt mehr als tausend Worte sagt der Volksmund. Das gilt auch dann, wenn es »nur« ein geistiges Bild ist. Wenn Sie zum Beispiel erreichen, jemandem ein Bild von der Art und Weise zu verschaffen, wie Sie im Team Probleme lösen, dann müssen Sie nicht extra betonen, dass sie kreativ sind, analytisch denken, moderieren und präsentieren können, teamfähig sind – was auch immer das sein mag – und sich in dem angesprochenen Fachbereich auskennen. Das wird für jeden Leser sofort ersichtlich. Zudem kann jeder behaupten über in der Stellenanzeige geforderte Fähigkeiten zu verfügen. Aber: Anhand eines Beispiel haben Sie die Möglichkeit, Ihre Behauptung glaubwürdig zu begründen.

Tipp: Sinnvoll ist unseres Erachtens, den Hauptteil von Fertigkeiten zu Fähigkeiten und von Fachkompetenzen über Methodenkompetenzen zu Sozialkompetenzen aufzubauen.

Unterlassen Sie es, am Ende des Hauptteils oder im Schlussabschnitt direkt auf Ihre Unterlagen, zum Beispiel Ihre Arbeitszeugnisse, zu verweisen. Alles, was Sie damit demonstrieren, ist Faulheit und Desinteresse oder mangelndes sprachliches Geschick, ansonsten hätten Sie wohl die wichtigsten Aspekte aus den Bewerbungsunterlagen im Anschreiben übersichtlich und leserfreundlich zusammengestellt.

Vermehrt sind heute Anschreiben anzutreffen, deren Hauptteil zum größten Teil aus einem Aufzählungsblock mit Aufzählungszeichen besteht. Diese Form des Anschreibens hilft dabei, verschiedenartige Erfahrungen, Beispiele oder Qualifikationen leicht verständlich darzustellen.

Denken Sie immer daran, dass Ihr Anschreiben auch eine Arbeitsprobe ist!

Den **Schluss** bildet Ihr Fazit. Sie zeigen auf, dass Sie, ausgehend vom Anforderungsprofil und den im Hauptteil erläuterten Qualifikationen, die richtige Besetzung für die ausgeschriebene Stelle sind. Vermeiden Sie an dieser Stelle den Verweis auf die Anlagen.

Wenn es ausdrücklich verlangt wurde, dann können Sie jetzt noch auf Ihr mögliches Eintrittsdatum eingehen. Umgehen Sie dabei Formulierungen, die einen besonderen Handlungsdruck aufbauen oder ausgesprochene Dringlichkeit suggerieren. Statt sofort, verwenden Sie lieber ein reguläres Eintrittsdatum wie den nächsten Monats- oder Quartalsersten. Wenn Sie sich in ungekündigter Stellung befinden, dann rechnen Sie Ihr frühestmögliches Eintrittsdatum aus und geben den entsprechenden Termin an.

Beim der Angabe eines Gehaltswunsches verfahren Sie wie bei der Angabe eines Eintrittstermins. Machen Sie nur dann eine Aussage zu diesem Punkt, wenn Sie dazu explizit aufgefordert wurden. Sie können damit ganz unterschiedlich umgehen:

- Sie verzichten trotz Aufforderung auf eine Angabe. Damit gehen Sie das Risiko ein, dass Ihre Bewerbung aussortiert wird, weil dem Personalentscheider eine wesentliche Information fehlt, die andere Bewerber geben. Diese Taktik empfiehlt sich, wenn Sie unsicher bezüglich Ihrer Gehaltsforderung sind, zum Beispiel weil Sie das Unternehmen oder die Branche nicht gut genug kennen und deshalb die große Gefahr besteht, sich zu teuer oder zu billig zu verkaufen. Oder weil es möglich ist, dass Gehalt und andere Leistungen des potenziellen Arbeitgebers sich gegenseitig kompensieren können, sodass eine Gehaltsangabe zwangsläufig unvollständig ist.
- Sie geben Ihre Gehaltsvorstellung an und gehen damit das Risiko ein, aussortiert zu werden, weil Sie zu hoch oder zu niedrig liegen. Auch ein zu niedriger Gehaltswunsch kann ein Ausschlusskriterium sein, da er darauf schließen lässt, dass der Bewerber seinen Marktwert nicht realistisch einschätzen kann. Signalisieren Sie auf jeden Fall Verhandlungsbereitschaft. Diese Vorgehensweise empfiehlt sich, wenn Sie ganz genaue persönliche Gehaltsziele haben oder wenn Sie die Vergütungspraxis der Branche beziehungsweise des Unternehmens gut kennen.

Tipp: Die Gehaltsvorstellungen zurückzuhalten und auf Verhandlungsbereitschaft im Vorstellungsgespräch zu verweisen empfehlen wir nicht. Entweder sollten sie stillschweigend über die Gehaltsforderung hinweggehen oder »das Kind beim Namen nennen«. Alles andere macht keinen Sinn.

Das Ende des Schlussteils bildet in der Regel ein Verweis auf ein persönliches Gespräch und eine Grußformel.

Unterschreiben Sie das Anschreiben mit Ihrem vollen Namen, und benutzen Sie dazu einen gut schreibenden Füller oder Faserschreiber. Machen Sie einen großen Bogen um Kugelschreiber. Wir empfehlen Ihnen außerdem, so zu unterschreiben, dass man Ihren Namen lesen kann, zumindest wenn man ihn aus Ihren Personalien kennt. Damit ersparen Sie sich die lästige Angabe Ihres Namens unterhalb Ihrer Unterschrift. Ihre Unterschrift ohne Namensangabe wirkt selbstbewusst auf den Leser. Außerdem wirken zwei handschriftliche Krakel auf den Leser so, als sei er es nicht Wert gewesen, dass Sie Ihren Namen auch nur halbwegs sorgfältig schreiben. Beachten Sie das Gleiche bei Lebenslauf und Qualifikationsprofil.

Stilistische Kniffe

Beim Verfassen des Anschreibens sollten Sie sich immer bewusst sein, dass der Leser wahrscheinlich nur wenig Zeit zur Verfügung haben wird. Das bedeutet, eine intensive inhaltliche Auseinandersetzung mit Ihrem Anschreiben wird wahrscheinlich nicht stattfinden, stattdessen wird der Leser Ihr Anschreiben nur überfliegen. Die Konsequenz, die Sie daraus ziehen sollten, ist die, dass Sie die Verständigung mit Ihrem Ansprechpartner so weit wie möglich vereinfachen sollten. Für den Leser muss es möglich sein, Ihre wichtigsten Eignungsmerkmale schnell zu erfassen.

Schreiben Sie leserfreundlich und partnerorientiert; gestalten Sie Ihre Sätze überschaubar und abwechslungsreich!

Wenn beim Überfliegen des Textes auf Grund schwer verständlicher Formulierungen wenige Informationen beim Leser hängen bleiben, dann wird er sich nicht intensiver mit dem Anschreiben und dem Rest der Bewerbungsunterlagen beschäftigen. Dieser Effekt wird umso stärker auftreten, je mehr Bewerbungen sich auf dem Schreibtisch des Personalentscheiders auftürmen, je besser die Bewerbungen im Durchschnitt sind und je weniger Zeit er für diese Aufgabe hat.

Wenn Sie mit Ihrem Schreibstil die Verständigung mit Ihrem Kommunikationspartner erleichtern, steigern Sie das Interesse an der gesamten Bewerbung!

Nur so können Sie sicher sein, dass die Informationen, welche Sie unbedingt weitergeben möchten, auch tatsächlich ankommen.

Rhetorische Stilmittel

Anhand eines Beispiels wollen wir uns mit einer Aussage beschäftigen, wie Sie in einem Bewerbungsanschreiben vorkommen kann. Diese Aussage soll nach und nach durch das Verwenden verschiedener rhetorischer Stilmittel informationsreicher und abwechslungsreicher gemacht werden.

In vielen Anschreiben möchte der Bewerber dem Leser zuerst einmal mitteilen, dass er über die verlangte Ausbildung verfügt beziehungsweise dass er dem gewünschten Beruf nachgeht. Vielleicht hat er zu diesem Zweck auch die Anzeige zitiert, und hat geschrieben:

> *»Sie suchen einen Inbetriebnahmeingenieur.«*

Das ist etwas dürftig. Durch eine genauere Beschreibung könnte der Bewerber demonstrieren, dass er die Anzeige genau gelesen hat. Natürlich sollte er die Anzeige jetzt nicht wörtlich zitieren, sondern inhaltlich aufgreifen. Obwohl der Leser genau weiß, wen oder was er sucht, suggeriert der Bewerber dem Leser, genau über diese Eigenschaften zu verfügen. Er begibt sich auf einen »rhetorischen Dreisprung«:

> *»Sie suchen einen verantwortungsbewussten, engagierten und technisch versierten Inbetriebnahmeingenieur.«*

Eine Aufzählung mit drei Aufzählungsgliedern bringt ein Maximum an Information, ohne zugleich unübersichtlich zu werden. Dennoch möchte der Bewerber noch etwas mehr über sich aussagen. Er verwendet einen Relativsatz:

> *»Sie suchen einen verantwortungsbewussten, engagierten und technisch versierten Inbetriebnahmeingenieur, der selbstständig arbeitet.«*

Mittlerweile hat der Satz eine Länge erreicht, welche die Aufnahmefähigkeit des Lesers stark beansprucht. Den letzten Schliff gibt ein Waagesatz:

> *»Sie suchen einen verantwortungsbewussten, engagierten und technisch versierten Inbetriebnahmeingenieur, der nicht nur selbstständig arbeitet, sondern auch tatkräftig auf der Baustelle zupacken kann.«*

Auch wenn der Bewerber das Bedürfnis haben sollte, noch mehr über sich und seine Arbeitsweise zu sagen, sollte er den Satz spätestens jetzt beenden, um einen unübersichtlichen Schachtelsatz zu vermeiden. Mit einer rhetorischen Wiederholung kann er den Satz leicht wieder aufnehmen:

> *»Sie suchen einen verantwortungsbewussten, engagierten und technisch versierten Inbetriebnahmeingenieur, der nicht nur selbstständig arbeitet, sondern auch kräftig auf der Baustelle zupacken kann. Einen Inbetriebnahmeingenieur der langjährige Erfahrung …«*

Jetzt ist es an der Zeit, die in der Aussage implizierte Behauptung, dass der Bewerber genau der gesuchte Inbetriebnahmeingenieur ist, anhand eines Praxisbeispiels zu begründen. Er könnte beispielsweise beschreiben, welche Art von Projekten er geleitet hat, welche Erfahrungen er dabei gesammelt hat oder welche Fähigkeiten er sich in diesem Rahmen angeeignet hat.

Kommentierte Formulierungsbeispiele

Stilregel: Wählen Sie einfache, aber treffende Wörter!

Schlecht: »Bis zum gegenwärtigen Zeitpunkt arbeite ich in Ulm.«
Verbesserungsmöglichkeit: »Heute« oder »jetzt« drückt das Gleiche aus wie »gegenwärtiger Zeitpunkt«.

Schlecht: »Ich habe einen zeitgemäßen, teamorientierten Führungsstil.«
Verbesserungsmöglichkeit: »In der Mitarbeiterführung achte ich auf konsequente Delegation von Aufgaben, Kompetenzen und Verantwortung.«

Fazit: Zusammengesetzte Wörter sind nur dann sinnvoll, wenn einfache Wörter nicht ausdrücken, was Sie sagen möchten. Treffende Wörter drücken genau aus, was gesagt werden soll. Begnügen Sie sich nicht mit Allgemeinplätzen oder schwammigen Floskeln.

Stilregel: Seien Sie präzise und ausführlich genug!

Schlecht: »Ich bin ein Maschinenbauingenieur mit guten Fremdsprachenkenntnissen.«
Verbesserungsmöglichkeit: Zumindest hätte der Schreiber angeben sollen, welche Fremdsprachen er beherrscht: »Ich bin ein Maschinenbauingenieur mit guten Spanisch- und Französisch-Kenntnissen.«

Schlecht: »Meine Tätigkeit im Einkauf ...«
Verbesserungsmöglichkeit: »Meine eigenständige Tätigkeit im Einkauf ...« oder »Meine Tätigkeit als Gruppenleiter im Einkauf ...«

Fazit: Ohne genaue Angabe von Fähigkeiten und Fertigkeiten besteht die Gefahr, dass Ihre Sätze inhaltsleer werden. Chance: Nutzen Sie ein Adjektiv oder ein Adverb, um Ihre Arbeitweise zu präzisieren.

Stilregel: Streichen Sie überflüssige Wörter und Phrasen!

Schlecht: »Die dabei von mir gemachten Erfahrungen, geben mir die Befähigung zur selbstständigen Arbeit.«
Verbesserungsmöglichkeit: »Von mir gemachten« ist überflüssig: »Meine Erfahrungen im Projektmanagement befähigen mich zu selbstständiger Arbeit.« Oder: »Auf Grund meiner umfangreichen Projekterfahrungen ist eigenständiges Arbeiten für mich selbstverständlich.«

Stilregel: Bevorzugen Sie Tätigkeitswörter!

Schlecht: »Ich war befasst mit der Erstellung von Zugriffsstatistiken, der Durchführung von Programmtests und der Überwachung der Benutzerhandbuchverwendung.«
Verbesserungsmöglichkeit: »Ich habe Zugriffsstatistiken erstellt, Programmtests durchgeführt und die Verwendung des Benutzerhandbuchs überwacht.«

Fazit: Einen flüssigen, lebendigen Schreibstil erreichen Sie vor allem dadurch, dass Sie keine langen Hauptwörterketten bilden. Schreiben Sie in einem ausgewogenen Verhältnis von Haupt- und Tätigkeitswörtern. Tätigkeitswörter betonen viel stärker Ihre eigene Aktivität.

Stilregel: Benutzen Sie das Aktiv!

Schlecht: »In Ihrer Anzeige wurde zum Ausdruck gebracht, dass Sie einen ....«
Verbesserungsmöglichkeit: »Sie suchen einen ...«

Schlecht: »Mir wurde das Kostencontrolling übertragen.«
Verbesserungsmöglichkeit: »Ich habe das Kostencontrolling übernommen.«

Schlecht: »Zu meinem Aufgabengebiet gehörte ...« – »Ich war befasst mit ...« – »Ich hatte Gelegenheit zu ...« – »Ich konnte Erfahrungen sammeln mit ...«
Verbesserungsmöglichkeit: Diese Formulierungen sind zwar grammatikalisch kein Passiv, dennoch drücken sie nicht genug Aktivität des Bewerbers aus. Der Leser fragt sich geradezu, hat der Schreiber das wirklich getan oder hätte er es nur tun können?

Fazit: Das Passiv wirkt anonym, unpersönlich und umständlich; es erinnert zu sehr an »Beamtendeutsch«. Zudem möchten Sie doch zum Ausdruck bringen, dass Sie selbst etwas eigenständig getan haben. Die Verwendung des Passiv wirkt immer so, als hätten Sie nur auf Veranlassung dritter Personen gehandelt.

Stilregel: Vermeiden Sie den Konjunktiv!

Schlecht: »Ich könnte mich sicher schnell einarbeiten.«
Verbesserungsmöglichkeit: »Auf Grund meiner langjährigen Erfahrungen kann ich mich schnell einarbeiten.« Besser noch: »Auf Grund meiner langjährigen Erfahrungen werde ich mich schnell einarbeiten.«

Schlecht: »Über ein Vorstellungsgespräch würde ich mich freuen.«
Verbesserungsmöglichkeit: »Ich freue mich auf ein Vorstellungsgespräch.«

Fazit: Der Konjunktiv drückt eine Vorsicht und Unsicherheit aus, die Ihre Aussage schwächt. Entweder Sie können etwas, dann stehen Sie dazu, oder Sie können es nicht, dann schreiben Sie nichts davon.

Weitere Informationen zu Stilregeln im Anschreiben stehen Ihnen unter **www.komquadrat.de, www.einzigartig-bewerben.de** oder **www.beltz.de/buecher/einzigartig-bewerben.htm** im Internet zum Download zur Verfügung.

Gehen Sie davon aus, dass der Leser Ihres Anschreiben nur einen kleinen Teil seines Konzentrationsvermögens für die Lektüre des Textes aufbringt. Also keep it simple and stupid! Geben Sie ihm die Chance, auch beim flüchtigen Überfliegen das Anschreiben zu verstehen. Bedenken Sie also Folgendes:

- Finden Sie einen interessanten Einstieg.
- Kommen Sie schnell zur Sache.
- Aktivieren Sie den Leser zum Beispiel durch Fragen oder interessante Behauptungen.
- Sprechen Sie Ihren Partner auch im stummen Dialog direkt an!
- Stellen Sie Teilabschlüsse her, denen der Leser nicht widersprechen kann. Suggerieren Sie, dass die Entscheidung bereits gefallen ist.
- Enden Sie mit einer klaren Aufforderung.

Wenn Sie mit Ihrem Anschreiben auffallen möchten und bereit sind, über das Übliche hinauszugehen, dann denken Sie doch einmal über die folgenden Vorschläge nach:

- Verwenden Sie gezielt einige fett gedruckte Schlüsselwörter. Auch beim schnellen Querlesen werden diese Wörter auffallen.
- Ziehen Sie das Interesse durch eine Beilage auf sich: Eine Arbeitsprobe, ein Stück Furnier oder etwas Alublech.

Denken Sie daran, dass Sie mit dem Anschreiben und der Bewerbung insgesamt Werbung in eigener Sache betreiben! Sie stellen sich positiv dar und rücken Ihre Stärken ins rechte Licht, aber Sie übertreiben nicht und sind nicht großspurig! Vielen Menschen fällt die Werbung in eigener Sache schwer. Sie machen dem Leser aber einen Gefallen und erleichtern ihm die Arbeit, wenn Sie alles, was ihn interessiert, übersichtlich und leicht verständlich zusammenstellen, anstatt ihn zu zwingen, Ihnen im übertragenen Sinne »die Würmer aus der Nase zu ziehen«.

Das nachfolgende Beispiel veranschaulicht anhand von drei Versionen den Entwicklungsprozess eines Anschreibens bis hin zur erfolgreichen Endfassung.

Andreas Kaufmann
Staatl. gepr. Techniker
Maschinenweg 1
68531 Maintal

Andreas Kaufmann, Maschinenweg 1, 68531 Maintal
Fegla Tec Fenster-Systeme GmbH
z.Hd. Herrn Kalowski
Industrie Str. 25
36043 Fulda

03.09.03

Schichtführer , Anzeige Frankfurter Rundschau 23.8.03

Sehr geehrte Herr Kalowski,

bezugnehmend auf unser Telefonat vom 01.09.03 möchte ich nochmals großes Interesse an der von Ihnen ausgeschriebenen Stelle als Schichtführer bekunden.
Die von Ihnen angeforderten Tätigkeiten und Kenntnisse erfülle ich in vollem Umfang. Ich bin ausgebildeter Tischlermeister und Staatl. gepr. Techniker und verfüge über langjährige Berufserfahrung im Bereich Montageleitung und der Leitung einer Reklamationsabteilung. In der Vergangenheit habe ich mehrere Montageteams disponiert und überwacht. Außerdem habe ich große Erfahrung mit Kunden und deren Wünsche. Ein Bewusstsein für Qualität bestimmt meinen Berufsalltag. Ich kann mich ab 01.11.03 neuen Aufgaben stellen und sehe eine große Herausforderung bei einem führenden Fensterbau Unternehmen für mich.

Ich freue mich auf ein persönliches Gespräch in Ihrem Hause.

Gerne höre ich von Ihnen, bis dahin verbleibe ich,

mit freundlichen Grüßen

Anlagen

Andreas Kaufmann
069/347929 · 0170/649918
a.kaufmann@web.de

Ursprüngliche Version des Anschreibens

Andreas Kaufmann
Staatl. gepr. Techniker
Maschinenweg 1
68531 Maintal

Andreas Kaufmann, Maschinenweg 1, 68531 Maintal
Fegla Tec Fenster-Systeme GmbH
Herrn Kalowski
Industrie Str. 25
36043 Fulda

03.September 03

Schichtführer, Anzeige Frankfurter Rundschau 23.8.03

Sehr geehrter Herr Kalowski,

bezugnehmend auf unser Telefonat vom 01.09.03 möchte ich nochmals großes Interesse an der von Ihnen ausgeschriebenen Stelle als Schichtführer bekunden.

Die von Ihnen angeforderten Tätigkeiten und Kenntnisse erfülle ich in vollem Umfang. Ich bin ausgebildeter Tischlermeister und Staatl. gepr. Techniker und verfüge über langjährige Berufserfahrung im Bereich Montageleitung und der Leitung einer Reklamationsabteilung. In der Vergangenheit habe ich mehrere Montageteams disponiert und überwacht. Außerdem habe ich große Erfahrung mit Kunden und deren Wünsche. Ein Bewusstsein für Qualität bestimmt meinen Berufsalltag.

Mit mir gewinnen Sie einen zuverlässigen, flexiblen Mitarbeiter der über ein hohes Maß an Auffassungsvermögen verfügt.

Ich kann mich ab 01.11.03 neuen Aufgaben stellen und sehe eine große Herausforderung bei einem führenden Fensterbau Unternehmen für mich.

Ich freue mich auf ein persönliches Gespräch in Ihrem Hause.

Mit freundlichen Grüßen

Anlagen

Andreas Kaufmann
069/347929 · 0170/649918
a.kaufmann@web.de

Anschreiben nach einer ersten Überarbeitung

Andreas Kaufmann
Staatl. gepr. Techniker
Maschinenweg 1
68531 Maintal

Andreas Kaufmann, Maschinenweg 1, 68531 Maintal
Fegla Tec Fenster-Systeme GmbH
Herrn Kalowski
Industrie Str. 25
36043 Fulda

03. September 2003

Bewerbung als Schichtführer, Stellenangebot in der Frankfurter Rundschau 23.08.03

Sehr geehrter Herr Kalowski,

in unserem ausführlichen und informativen Telefonat vom 01.09.03 haben Sie mich auf Ihre innovativen Fenstersysteme neugierig gemacht. Ich freue mich darauf, Ihr Team zu verstärken und meine Kompetenzen für zukunftsorientierte Produkte in Ihr Unternehmen einzubringen.

Das von Ihnen beschriebene Anforderungsprofil erfülle ich in vollem Umfang. Ich bin ausgebildeter Tischlermeister und Staatlich geprüfter Techniker und verfüge über langjährige Berufserfahrung im Bereich Produktion, Werkstattleitung und der Leitung einer Reklamationsabteilung. In Kanada habe ich für ein Unternehmen gearbeitet, das Holzhäuser produziert. Hier habe ich 8 Mitarbeiter sowohl fachlich als auch disziplinarisch geführt. Insbesondere habe ich Mitarbeiter eingearbeitet, ihren Einsatz koordiniert und Arbeitsprozesse optimiert. Mein hohes Maß an Flexibilität, Belastbarkeit und Teamfähigkeit waren ausschlaggebend für die erfolgreiche Durchführung unserer Projekte. Der Schwerpunkt meiner Fachaufgaben bestand aus der Konzeption und Planung des Innenausbaus. Daher ist für mich die Arbeit mit den verschiedensten Fenster- und Türtypen selbstverständlich.

Als Leiter einer Reklamationsabteilung disponiere und überwache ich mehrere Montageteams. Um mich optimal auf meine Mitarbeiter und Kunden einstellen zu können, sind mir mein Einfühlungsvermögen und meine Menschenkenntnis stets von Vorteil gewesen. Mit mir gewinnen Sie einen engagierten Schichtführer mit großer Leidenschaft für meinen Beruf. Motivierte Mitarbeiter und Qualitätsbewusstsein bestimmen meinen Berufsalltag.

Ich sehe diese Tätigkeit als interessante Herausforderung, der ich mich ab Januar 2004 stellen kann.

Habe ich Ihr Interesse geweckt? Ich freue mich auf ein persönliches Gespräch.

Mit freundlichen Grüßen

Anlagen

Andreas Kaufmann
069/347929 0170/649918
a.kaufmann@web.de

Erfolgreiche Endfassung des Anschreibens

In der nachfolgenden Checkliste haben wir die wichtigsten Kriterien für ein erfolgreiches Anschreiben für Sie zusammengestellt.

Checkliste Fehler im Anschreiben erkennen

Formale Fehler im Anschreiben:

- Grobe Verstöße gegen DIN 5008.
- Fehler in Orthografie, Interpunktion oder Grammatik.
- Fließtext ohne Gliederung des Inhaltes in Absätze.
- Nachträgliche, sichtbare Korrekturen am Text.
- Zu langes (mehr als eine Seite) oder zu kurzes Anschreiben (die Seite wurde nicht gefüllt).
- Fehler bei Firmennamen oder Anrede des Ansprechpartners.
- Fehlende Sauberkeit und Ordentlichkeit.
- Schlechter Satzbau.
- Häufige Wortwiederholungen.

Inhaltliche Fehler im Anschreiben

- Das Anschreiben ist ein Lebenslauf in ausgeschriebenen Sätzen.
- Es enthält kaum Informationen. Stattdessen werden Phrasen verwendet. Es endet mit einem Verweis auf die Anlagen.
- Der Grund für die Bewerbung fehlt.
- Der Bezug zum Unternehmen fehlt. Es wurde nicht individuell auf das Unternehmen eingegangen. Das Anschreiben ähnelt damit eher einer Postwurfsendung.
- Fehlende inhaltliche Ordnung und Unübersichtlichkeit in der Reihenfolge in der Darstellung.
- Nennung von abstrakten oder allgemeinen Stärken wie zuverlässig, flexibel, organisatorisch begabt.
- Formulierungen, die suggerieren, dass der Bewerber selbst Zweifel an seiner Eignung für die Stelle hat. Beispielsweise Formulierungen wie »ich glaube ...« oder »ich könnte mir vorstellen, dass ich die Anforderungen erfülle«.
- Gebrauch des Konjunktivs: Nicht »ich wäre interessiert«, sondern »ich interessiere mich für ...«.
- Starker Gebrauch von Hilfsverben: Nicht »ich kann mich schnell einarbeiten«, sondern »ich arbeite mich schnell ein«.
- Alle Einschränkungen der persönlichen Eignung für eine Stelle. Schreiben Sie nicht »Zwar verfüge ich nicht über eine Ausbildung als PR-Manager, habe aber Erfahrungen im PR-Bereich gesammelt«. Wer sich bewirbt, muss von seiner Eignung überzeugt sein. Wer das nicht ist, sollte seine Bewerbung im eigenen Interesse noch einmal überdenken.

Checkliste (Fortsetzung)

- Unterwürfige Formulierungen wie: »Wäre ich Ihnen sehr dankbar für die Gelegenheit zu einem Vorstellungsgespräch«, »Bitte laden Sie mich ...«, »Möchte ich Sie höflichst bitten, ...«, Sehr verehrte Damen und Herren, ...«, »Hochachtungsvoll Ihr ...«
- Die genannten Gründe für die Bewerbung beziehen sich nicht auf die angestrebte Stelle oder das ausschreibende Unternehmen, sondern auf die wenig attraktiven aktuellen Arbeitsbedingungen oder die drohende Kündigung. Deshalb sollten Sie die Gründe für einen Arbeitsplatzverlust nur in Ausnahmefällen angeben.
- Es werden Wünsche nach beruflicher Veränderung geäußert, die einen Anspruchscharakter haben. Geben Sie nur Motive an, die in der neuen Tätigkeit oder in den persönlichen Stärken für die neue Stelle zu finden sind.
- In der Bewerbung geht es nicht um Sie! Es geht um das Unternehmen beziehungsweise das, was Sie für dieses Unternehmen tun können.

Deckblatt und Bewerbungsfoto

Deckblätter sind ein Teil der Bewerbungsunterlagen, die noch vor wenigen Jahren nur vereinzelt von Bewerbern verwendet wurden. Mittlerweile haben Deckblätter ihren »Siegeszug« durch die Bewerbungsmappen angetreten, sodass heute nur noch wenige Mappen ohne ein solches Deckblatt verschickt werden. Damit sind Deckblätter heute schon fast zur Pflicht geworden.

Obwohl ein Deckblatt nicht in jeder Bewerbungsmappe enthalten sein muss, bietet es dem Bewerber doch einige Vorteile:

- Ein Deckblatt bietet einen optisch attraktiven Einstieg in die Bewerbungsunterlagen. Wie eine Zeitschrift, die gerade wegen ihres anziehenden Covers am Kiosk aus dem Regal genommen wird, um sie sich vor dem Kauf genauer anzusehen, so schafft ein Deckblatt ebenfalls einen interessanten »Aufmacher«. Ebenso werden Sie lieber ein Unternehmen besuchen, dessen Eingangsbereich ansprechend gestaltet ist.

- Dadurch, dass der Leser gezielt nur wenige und leicht erfassbare Informationen erhält und nicht sofort in einer hohen Informationsdichte versinkt, wird eine leserfreundliche Gestaltung gewährleistet.
- Im Vergleich zu Anschreiben und Lebenslauf bieten sich dem Bewerber beim Gestalten seines Deckblattes wesentlich größere Freiräume zur kreativen und damit individuellen Gestaltung.
- In vielen Bewerbungsmappen ist eine Seite für das Deckblatt reserviert, die nicht sinnvoll mit anderen Unterlagen gefüllt werden kann. In diesem Fall kein Deckblatt einzuheften erweckt den Eindruck, dass ein Teil der Bewerbungsunterlagen fehlt.

Angesichts dieser Vorteile empfehlen wir Ihnen, sich genauer mit dem Inhalt, dem Aufbau und der Gestaltung des Deckblattes zu beschäftigen.

Das Deckblatt eröffnet Ihnen einen großen Gestaltungsspielraum. Deshalb ist es nicht möglich, allgemein festzulegen, welche Informationen es enthalten muss. Dennoch bieten sich bestimmte Bausteine mehr an als andere. Als Titel für die gesamte Bewerbungsmappe kann schlicht das Wort »Bewerbung« oder »Bewerbungsunterlagen« verwendet werden. Um die Bewerbungsunterlagen möglichst stark zu individualisieren und auf das Unternehmen abzustimmen, empfehlen wir einen Untertitel aufzunehmen, der die Stelle, um die es geht, und das Unternehmen, das die Bewerbung erhält, enthält. Gute Erfahrungen haben wir auch damit gemacht, den Namen des Bewerbers als Überschrift zu verwenden.

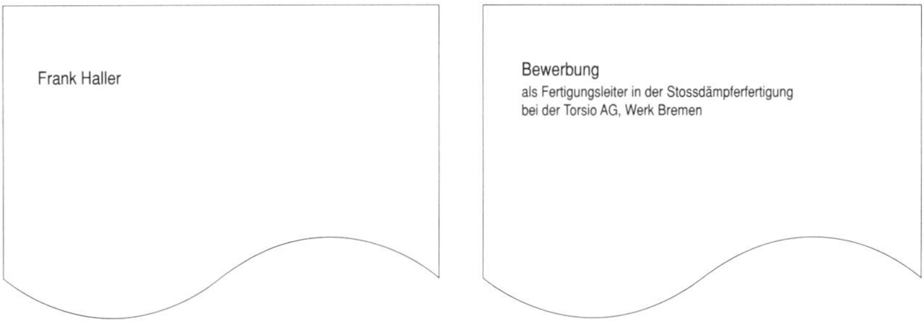

Zwei verhältnismäßig einfache Gestaltungsvarianten für den Kopf des Deckblatts

Wenn Sie ein Deckblatt verwenden, dann bietet es sich an, das Bewerbungsfoto nicht auf dem Lebenslauf, sondern auf dem Deckblatt anzuordnen. Besonders in diesem Fall müssen Sie darauf achten, ein großformatiges Bewerbungsfoto einzusetzen, da ein einfaches Passbild sehr verloren wirkt. Als Bildunterschrift können Sie Ihre Anschrift oder Ihre persönlichen Daten verwenden. Im letzteren Fall entfallen diese natürlich im Lebenslauf. Das hätte den positiven Nebeneffekt, dass der Lebenslauf mit den Informationen beginnt, die sich auf Ihre Qualifikationen beziehen. Der Leser wird nicht erst noch mit Angaben zur Person gelangweilt.

Zwei Varianten für Bildunterschriften auf dem Deckblatt: Adresse oder persönliche Daten

Unter Umständen können Sie eine Inhaltsübersicht Ihrer Bewerbungsmappe auf dem Deckblatt mit aufnehmen. Wir bevorzugen allerdings, ein gesondertes Anlagenverzeichnis nach Lebenslauf und Qualifikationsprofil und vor den Zeugnissen und Zertifikaten einzufügen.

Bei der äußeren Gestaltung Ihres Deckblattes haben Sie viele Möglichkeiten mit Schriftart und -größe, Rahmen, Schattierungen und Linien zu arbeiten. Damit geben Sie Ihrer Bewerbung einen individuellen Auftritt, der Ihre Unterlagen von denen anderer Bewerber abhebt. Bevor Sie kreativ werden, sollten Sie sich fragen: **Wie möchte ich mich darstellen?** – Möchten Sie als kreativer und unkonventioneller Typ erscheinen oder sind Sie eher eine konservative Führungskraft. Berücksichtigen Sie bei dieser Entscheidung Ihre Persönlichkeit und Auftreten einerseits und Stelle und Unternehmen andererseits.

Achten Sie auf ein einheitliches Layout im Sinne einer Corporate Identity. Gestaltungselemente, Kopf- oder Fußzeilen, die Sie im Deckblatt benutzen, sollten auch in allen anderen Bestandteilen Ihrer Bewerbungsmappe auftauchen.

Übertreiben Sie nicht! Das Deckblatt dient nicht dazu zu beweisen, dass Sie alle Formatierungsfunktionen Ihres Textverarbeitungsprogramms beherrschen.

Erfolgreiche Praxisbeispiele zum Deckblatt finden Sie in den kommentierten Bewerbungsunterlagen (s. S.167ff.).

Für welchen Personalreferenten würden Sie sich entscheiden?

Wie Sie anhand der beiden Beispielfotos sehen, ist das Bewerbungsfoto ein wesentliches Element des Deckblattes beziehungsweise der Bewerbungsmappe. Das Foto prägt ganz wesentlich den Eindruck, den wir von dem Bewerber haben. Viele Menschen lassen sich ungern fotografieren. Diese Abneigung rührt daher, dass viele Angst haben, durch das Foto den falschen Eindruck zu erwecken. Deshalb sollten Sie sehr sorgfältig bei der Gestaltung und Auswahl des Fotos vorgehen.

Die erste Entscheidung, die wir zu treffen haben, ist die der Kleidung. Grundsätzlich muss diese natürlich zu der ausgeschriebenen Stelle beziehungsweise zum Dresscode des ausschreibenden Unternehmens passen. Zudem sollten wir uns in ihr wohl fühlen. Sie sollte Ausdruck unserer Persönlichkeit und unseres Stils sein und beides unterstreichen. Dennoch sollte sie nicht zu auffällig ausfallen, sondern eher elegant und dezent sein. Bei einer Bewerbung um eine Führungsposition empfiehlt sich für Bewerber ein Anzug mit Krawatte, während Bewerberinnen mit einem Businesskostüm richtig liegen. Bringen Sie zum Fototermin mehrere Outfits mit, damit Sie zusammen mit dem Fotografen entscheiden können, wie Sie am vorteilhaftesten wirken.

Auch bei der Auswahl des richtigen Fotografen kann man viel falsch machen. Für ein gutes Bewerbungsfoto reicht es oft nicht, sich vor einen Hintergrund zu setzen und nett in die Kamera zu lächeln. Lassen Sie sich Bewerbungsfotos zeigen. Lassen Sie sich vom Fotografen Ihres Vertrauens beraten. Welches ist Ihre Schokoladenseite? Welche Kleidung beziehungsweise welches Styling kommt auf den Fotos besser zur Geltung? Auch für die Herren kann eine kosmetische Beratung sinnvoll sein. Gemeinsam mit Ihrem Fotografen klären Sie am besten auch die Fragen in der nebenstehenden Checkliste.

Lassen Sie eine Serie von Fotos anfertigen, aus der Sie dann gemeinsam mit Ihrem Fotografen anlassbezogen das oder die passenden Fotos auswählen.

Da Bewerbungsfotos nicht billig sind und Unternehmen mit den eingesandten Bewerbungsmappen nicht immer pfleglich umgehen, stellt sich heute häufig die Frage, ob das Bewerbungsfoto (das am Ende sogar noch zu Hause mit der eigenen Digitalkamera hergestellt wurde) nicht eingescannt werden könnte. Aus verschiedenen Gründen sollten Sie das nicht tun. Da die meisten Drucker nicht die Qualität eines normalen Fotos erreichen, wirkt ein ausgedrucktes Foto oft nicht hochwertig genug. Damit die Bewerbungsunterlagen einheitlich sind, verbietet es sich von selbst, das Bewerbungsfoto auf Fotopapier auszudrucken. Und überlegen Sie, welche Nachricht Sie dem Leser zukommen lassen, wenn Sie Ihm kein Foto anvertrauen. Nur dann, wenn das Herstellen, Scannen, Bearbeiten und Drucken von Fotos als ein Arbeitsprobe angesehen werden kann, kann es besser sein, auf ein Originalfoto zu verzichten.

Checkliste: Fragen an den Fotografen

- Welches Format sollen meine Bewerbungsfotos haben?
  Bewerbungsfotos haben normalerweise ein größeres Format als normale Passfotos. Dennoch können Sie auf einem weitgehend unbeschriebenen Deckblatt kleiner wirken als Sie tatsächlich sind. Daher ist es oft ratsam, ein noch großformatigeres Foto zu verwenden.
- Was beziehungsweise wie viel soll auf dem Foto abgebildet sein?
  Bevorzugen Sie ein klassisches Porträtfoto oder möchten Sie gerne auch etwas mehr von Ihrem Oberkörper mit abbilden?

- Sollen Ihre Bewerbungsfotos farbig oder in schwarzweiß gehalten sein?
  Mit beiden Möglichkeiten lassen sich ganz spezielle Effekte erzielen. Was besser passt, hängt davon ab, wie Sie sich präsentieren möchten und wofür beziehungsweise wo Sie sich bewerben. Ihre Vorstellungen von der Wirkung, die Sie mit dem Foto erzielen möchten, sollten Sie auf jeden Fall mit Ihrem Fotografen besprechen.

Checkliste:
Woran erkenne ich einen guten Fotografen?

- Der Fotograf kann mir Beispiele, am besten in Form von Vorher-Nachher-Vergleichen, seiner Arbeit zeigen.
- Er nimmt sich die Zeit, mich intensiv zu beraten. Er setzt mich nicht einfach nur auf einen Hocker und »drückt ab«.
- Die Beratung umfasst fotografische Aspekte wie Stil, Format, Abbildung und Farbe, aber auch Kleidung, Styling oder kosmetische Aspekte.
- Der Fotograf nimmt eine Serie von Bewerbungsfotos auf, aus denen das passende ausgesucht werden kann.
- Die Bewerbungsfotos können über einen längeren Zeitraum nachbestellt werden.

Ein kleines Problem stellt oft auch die Befestigung des Fotos dar. Methoden, die das Bild beschädigen, wie zum Beispiel Büroklammern, Tacker, Tesafilm und Sekundenkleber, verbieten sich von selbst. Aber auch Fotoecken oder dickes doppelseitiges Klebeband sind nicht mehr zeitgemäß.

Tipp: Wir empfehlen die folgenden Methoden: Das Bewerbungsfoto lässt sich mit wenigen Tropfen Fotokleber sicher auf dem Deckblatt befestigen und nach dem Gebrauch auch wieder leicht rückstandslos entfernen. Da das Deckblatt beim Aufkleben des Fotos feucht wird, kann es sein, dass es sich ein wenig wellt.
Diesen Effekt vermeiden Sie, wenn Sie sich selbst zwei Schlitze mit einem Papiermesser (links oben und rechts unten) in Ihr Deckblatt schneiden, in die das Bewerbungsfoto eingeschoben wird. Achten Sie dabei darauf, dass die Schlitze sauber ausgeführt, parallel ausgerichtet, ausreichend groß und genau gleich sind. Wenn Sie dem »Frieden« nicht trauen, können Sie das Bewerbungsfoto immer noch mit einem Tropfen Fotoleim fixieren. Wir haben die Erfahrung gemacht, dass das Bild auch ohne Klebstoff problemlos fixiert wird. Darüber hinaus sieht es elegant und stilvoll aus.
Beschriften Sie zudem Ihre Bewerbungsfotos auf der Rückseite. Verwenden Sie dazu aber keinen Kugelschreiber, da Sie hier einen zu großen Schreibdruck aufbringen müssen. Beschriften Sie das Foto besser mit einem Faserschreiber oder einem nicht wasserlöslichen Filzstift.

Lebenslauf

Die Wirkung eines Lebenslaufs hängt natürlich von seiner Gliederung und grafischen Gestaltung ab. Nach diesen Gesichtspunkten kann man **verschiedene Arten von Lebensläufen** unterscheiden.

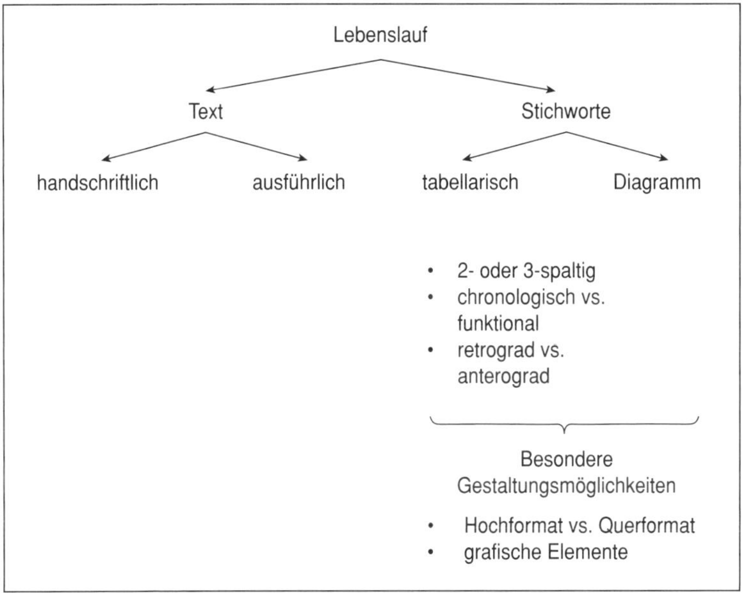

Ausführliche Lebensläufe, egal ob handschriftlich oder nicht, werden heute nur noch in seltenen Einzelfällen, zum Beispiel als Handschriftenprobe, verwendet. Der Lebenslauf, der typischerweise in Bewerbungen zum Einsatz kommt, ist der tabellarische oder stichwortartige Lebenslauf. Der tabellarische Lebenslauf kommt in verschiedenen Varianten vor.

Zumeist wird **der tabellarische Lebenslauf als zweispaltiger Lebenslauf** verwendet, in dem die erste Spalte die Zeitleiste und die zweite Spalte die inhaltlichen Informationen zu den einzelnen Stationen des Lebenslaufs aufnimmt. In mehrspaltigen Lebensläufen können zusätzlich Spalten für die Überschriften, Abschlüsse oder Unternehmen, Ort und Position eingefügt werden. Wir halten es im Normalfall nicht für ratsam, mehr als zwei Spalten zu verwenden, da die Spalten sonst zu schmal und die Textbausteine recht lang werden. Außerdem entsteht in der Zeitspalte in diesem Fall viel unbeschriebenes Papier, während der Text sich am anderen Rand drängt. Zudem ist es empfehlenswert, die Spaltenzahl im Verlauf des Lebenslaufes nicht zu variieren, sondern bei einem einheitlichen Konzept zu bleiben. Das erleichtert dem Leser die Orientierung.

Tabellarische Lebensläufe können chronologisch oder funktional orientiert sein. Eine rein **chronologische Ordnung** bietet sich unseres Erachtens nur an, wenn der Lebenslauf sehr kurz ist, wie beispielsweise bei Hochschulabsolventen und Berufsstartern, sodass eine inhaltlich orientierte Gliederung zu einer Gliederung in einzelnen Stationen führen würde.

In den meisten Fällen ist eine **funktionale Gliederung** vorteilhafter. Aufgeteilt wird zum Beispiel in die Abschnitte

- persönliche Daten,
- Ausbildung,
- berufliche Entwicklung,
- Weiterbildung sowie
- Zusatzqualifikationen.

Eine solche Gliederung ist übersichtlicher, da der Leser sich leicht orientieren kann und die für ihn interessanten Stationen nicht im Lebenslauf einzeln suchen muss. Allerdings ist es möglich, dass diese Ordnung den chronologischen Ablauf zerstört. Beispielsweise dann, wenn auf eine Berufsausbildung eine Berufstätigkeit folgt, die zu Gunsten eines Studiums aufgegeben wird, ehe dann die nächste Station der beruflichen Entwicklung folgt, welche wieder durch Phasen der Weiterbildung unterbrochen wird. Für manche Bewerber kann das sogar vorteilhaft sein, da Lücken im Lebenslauf so schwerer erkannt werden können. Insgesamt halten wir die funktionale Gliederung für Erfolg versprechender.

Die meisten Lebensläufe werden chronologisch von alt nach neu aufgebaut. Das hat die Konsequenz, dass der Leser sich vor allem bei berufserfahreneren Bewerbern zuerst durch relativ bedeutungslose Informationen wie die Schul- und Berufsausbildung oder die ersten Arbeitsstellen kämpfen muss, ehe er zu den für ihn eigentlich interessanten Informationen gelangt. Wir bevorzugen daher einen retrograden Aufbau, das heißt von neu nach alt. Der Leser findet die neuesten und damit wichtigsten Stationen des Lebenslaufs auf einen Blick. Außerdem hat diese Anordnung den Vorteil, dass die Reihenfolge der Stationen im Lebenslauf der Anordnung der Zeugnisse in der Bewerbungsmappe entspricht.

Tipp: Der tabellarische Lebenslauf sollte in der Regel zweispaltig, funktional gegliedert und retrograd aufgebaut werden!

In der Praxis hat sich gezeigt, dass die im Merksatz beschriebene Form des Lebenslaufs besonders dann erfolgreich war, wenn Sie mit einem Deckblatt kombiniert wurde, das neben dem Bewerbungsfoto auch die persönlichen Daten enthielt. Der Lebenslauf beginnt nach der Überschrift direkt mit der letzten beziehungsweise aktuellen Berufstätigkeit.

Ungewöhnlich ist es, den Lebenslauf auf andere als die beschriebene Weise aufzubauen. Beispielsweise könnten Sie Ihren Lebenslauf in Form eines Flussdiagramms aufbauen oder einen »normalen« Lebenslauf durch grafische Elemente »aufpeppen«. Grafische Elemente können Zeichenformatierungen wie Unterstreichungen, vergrößerte Anfangsbuchstaben am Abschnittsbeginn, farbliche abgehobene Linien, Zeichnungen oder Bilder sein. Bei manchen Darstellungsformen, beispielsweise wenn sie mehr als zwei Spalten verwenden, kann es sogar sinnvoll sein, vom normalen Hochformat auf Querformat umzusteigen. Bei solchen Experimenten sollten Sie jedoch einiges bedenken:

- Außergewöhnliche Gestaltungsvarianten ziehen Aufmerksamkeit auf sich. Nicht immer handelt es sich dabei um wohlwollende Aufmerksamkeit. Sie begeben sich in Gefahr, als unseriös, ausgeflippt oder einfach unpassend eingestuft zu werden. Seien Sie also vorsichtig und übertreiben Sie nicht.
- Vom Format her ungewöhnliche Dokumente sind schwer beziehungsweise gar nicht in herkömmlichen Bewerbungsmappen unterzubringen.

Bausteine des tabellarischen Lebenslaufs

Die Rubrik »**Persönliche Daten**« enthält Ihren Namen und Vornamen, sofern Sie diesen nicht als Überschrift verwenden. Dazu kommen noch Geburtsdatum sowie Geburtsort. Zu dieser Rubrik gehören auch Anschrift, Telefonnummer und E-Mail-Adresse. Strittig ist, ob Informationen wie Staatsangehörigkeit und Familienstand angegeben werden sollten. Ein eindeutiger Ratschlag dazu fällt schwer. Der Vollständigkeit halber sollten diese Angaben gemacht werden, auch wenn diese keinen Aufschluss über die Qualifikation des Bewerbers geben. Vor allem bei Namen, die fremdländisch klingen, kann es von Vorteil sein, auf seine deutsche Staatsangehörigkeit zu verweisen. Für Frauen kann es von Vorteil sein, zu Familienstand und Kinderzahl auch das Alter der Kinder hinzuzufügen, sofern diese schon »aus dem Gröbsten raus« sind. Weitere Angaben wie Eltern oder Geschwister werden allenfalls bei einer Bewerbung um einen Ausbildungsplatz gemacht. Die Konfession spielt in der Bewerbung keine Rolle. Eine Ausnahme von dieser Regel sollten Sie nur bei konfessionell gebundenen Arbeitgebern machen, sofern Sie aus deren Sicht die richtige Konfession haben.

Tipp: Die Rubrik »Persönliche Daten« kann auch auf das Deckblatt vorgezogen werden.

Der Punkt **Ausbildung** zerfällt in sich in die Abschnitte Schulbildung und Berufsausbildung oder Studium. Die Angabe der einzelnen Stationen folgt dem allgemeinen Schema, das für die Angabe der beruflichen Stationen gilt. Geben Sie an, wann Sie welche Schule oder Bildungseinrichtungen wo besucht haben. Zumindest den Abschluss, der Sie am höchsten qualifiziert, sollten Sie explizit angeben.

1979 bis 1988	Humboldt-Gymnasium, Heilbronn Abschluss: Allgemeine Hochschulreife
1975 bis 1979	Goethe-Grundschule, Schwäbisch Hall

Detailliertere Informationsangaben zur Schulausbildung werden mit zunehmendem zeitlichen Abstand zum Schulbesuch irrelevant.

Die Berufsausbildung wird nach dem gleichen System wie der Schulbesuch im Lebenslauf angegeben. Sofern die Berufsausbildung nicht zu lange zurückliegt, kann es sinnvoll sein, spezielle Angaben zu Schwerpunkten oder durchlaufenen Abteilungen zu machen. Dies empfiehlt sich dann, wenn Sie eine Ausbildung absolviert haben, deren Inhalte weitgehend unbekannt sind, wenn Sie spezielle Ausbildungsinhalte hatten oder wenn es für Sie besonders wichtig ist, praktische Erfahrungen nachzuweisen, zum Beispiel weil sie nur über kurze Berufserfahrung verfügen. Das Gleiche gilt für Trainee-Programme oder innerbetriebliche Ausbildungen, die auch dem Abschnitt »Berufliche Entwicklung« zugeordnet werden können.

Bei einem Hochschulstudium empfiehlt es sich generell neben der Studiendauer, der Fachrichtung und dem Studienort auch die Studienschwerpunkte im Hauptstudium, Nebenfächer oder das Thema der Diplomarbeit oder Promotion anzugeben, sofern dies in einem inhaltlichen Zusammenhang zur angestrebten Position steht. Der Marketingschwerpunkt im Studium macht sich für den angehenden Personalreferenten weniger gut als der Schwerpunkt Personalwirtschaft.

Tipp: Legen Sie Wert auf die genaue Bezeichnung Ihrer Schul-, Studien und Ausbildungsabschlüsse!

Zeitlich gesehen fällt häufig der Wehr- oder Zivildienst beziehungsweise ein soziales oder ökologisches Jahr in den Lebensabschnitt der Ausbildung. Angaben, die über das Wann, Was und Wo hinausgehen, sollten nur dann gemacht werden, wenn diese als wichtige Berufs- oder Praxiserfahrungen gelten können.

Berufliche Entwicklung: Auf eine Formulierung wie »Beruflicher Werdegang« sollten Sie verzichten. Werdegang ist ein altmodischer Begriff, der zudem oft in der Floskel »krimineller Werdegang« auftaucht. Wir empfehlen: »Berufspraxis«, »Berufstätigkeit«, »Berufserfahrung« oder »Berufliche Entwicklung«, da diese Begriffe einen dynamischeren Eindruck hinterlassen.

Wenn Sie bisher wenig Berufserfahrung haben, dann können Sie in dieser Rubrik auf Praktika verweisen, sofern diese eine nennenswerte Dauer hatten und in Beziehung zur angestrebten Position stehen. Ansonsten konzentrieren Sie sich auf Ihre bisherigen Berufstätigkeiten, unabhängig davon, ob Sie diese selbstständig oder angestellt ausgeübt haben.

Wenn Sie in einem Unternehmen nacheinander verschiedene Positionen innehatten, sich beispielsweise vom Personalreferenten über den Ausbildungsleiter zum Leiter der Personalentwicklung weiterentwickelt haben, dann können Sie diese zusammenfassen. So zeigen Sie die Entwicklung, die Sie durchlaufen haben, deutlicher auf. Sie zwingen den Leser nicht dazu, mehrfach die gleichen Angaben (Firmenname und Standort) zu lesen, und heben klarer hervor, dass es sich nicht um kurzfristige »Engagements« gehandelt hat. Ihr Lebenslauf wirkt dadurch zielstrebiger und kontinuierlicher.

Seit Januar 1997	bei der Entron GmbH in Holzminden
Seit Juni 2002	Abteilungsleiter Personalentwicklung
	...
März 1999– Juni 2002	Ausbildungsleiter ...
Januar 1997– März 1999	Personalreferent in der Ausbildungsabteilung ...

Generell gilt auch hier, dass Sie mindestens Datum, Position, Unternehmen und Ort angeben müssen. Diese Basisinformationen können Sie durch Fettdruck hervorheben. Damit ein Leser, der die Gepflogenheiten der Unternehmen, in denen sie bisher beschäftigt waren, nicht kennt, sich ein Bild Ihrer bisherigen Tätigkeitsbereiche machen kann, sollten Sie zumindest die für die Bewerbung wichtigen Stellen genauer definieren und ausführlicher beschreiben.

Definition: Begriffe wie Sachbearbeiter, Referent, Manager oder Assistent erklären sich nicht von selbst. Diese Termini werden in der Praxis flexibel verwendet. Definieren Sie diese daher genau!

Zugehörigkeit zu einer Abteilung (Sachbearbeiter in der Personalabteilung) oder Zuordnung zu einer anderen Position (Assistent des Geschäftsführers). Oft kann ein spezifisches Tätigkeitsfeld aufgeführt werden (Sachbearbeiter in der Personalabteilung, Schwerpunkt Lohn- und Gehaltsbuchhaltung).

Viele Positionen lassen sich auch anhand eindeutiger quantitativer Fakten näher bestimmen. Solche Informationen könnte die Personalverantwortung, Befugnisse oder Verantwortung für Budget, Umsatz oder Kosten sein. Wenn Sie im Rahmen Ihrer Tätigkeit Verbesserungen erzielt haben – Kosten gespart, Produktivität gesteigert, Absatz erhöht –, dann können Sie eine solche Zahl als Kennziffer Ihrer Effektivität erwähnen. Gerade durch Projekte sollen ja Verbesserungen dieser Art erzielt werden.

Beschreibung: Nicht alle Stationen in Ihrem Lebenslauf sind gleich bedeutend für den Leser. Aus der Sicht des Personalentscheiders wichtige Stationen sind solche, die aktuell sind oder in einem unmittelbaren Zusammenhang zu der zu besetzenden Stelle stehen. Dies berücksichtigen Sie, indem Sie genau diese Stationen ausführlicher behandeln, das heißt, detaillierter Ihre Aufgabengebiete und Projekte aufzählen und beschreiben. Diese Beschreibung erfolgt in Form einer stichwortartigen Aufzählung. Verwenden Sie dazu Aufzählungszeichen, die nicht jeder benutzt.

Beispiel für eine genau definierte und beschriebene Stelle im Lebenslauf:

August 2000– Juli 2002	**Leiter der Fertigung** **Armaturen Gebäudetechnik** SLT Technologies AG, Freiburg ● Verantwortungsbereich: Produktion, Arbeitsvorbereitung und Disposition/Logistik ● Umsatz: ca. 10 Mio. Euro ● Budget: ca. 4 Mio. Euro ● 28 Mitarbeiter ● Projektleitung für das Reengineering der gesamten Produktion. Umstellung auf Kanban-Steuerung bei gleichzeitiger Reduzierung der Fertigungskomplexität mit Teilprojekten »Outsourcing Logistik«, »Outsourcing Kleinteilefertigung« und »Vollautomatische Lackierung« ● Einsparpotenzial etwa 1,5 Mio. Euro/Jahr bei Investitionen in gleicher Größenordnung

Da jede Stelle, für die Sie sich bewerben, ein anderes Anforderungsprofil aufweist, werden Sie Ihren Lebenslauf jedes Mal überarbeiten müssen (biografische Anpassung). Nur so können Sie sicherstellen, dass Ihr Qualifikationsprofil zum Anforderungsprofil passt.

Ihr Lebenslauf ist kein Standarddokument! Er muss wie das Anschreiben immer wieder neu formuliert werden.

Zur **Weiterbildung** gehört der Besuch von Kursen, Outdoorseminaren und Coachings. Fortbildungsveranstaltungen können unternehmensintern oder als offene Seminare erfolgen, sie können vom Arbeitgeber initiiert werden oder auf eigener Einsatzbereitschaft beruhen, und sie können nebenberuflich oder während der Arbeitszeit stattfinden. Vor allem Maßnahmen, die Sie aus eigener Initiative nebenberuflich absolviert haben, sagen viel über Ihr Engagement aus.

Grundsätzlich können Sie jede Art der Weiterbildung in dieser Rubrik aufführen, bedenken Sie hierbei, dass die Fortbildung Sie für die angestrebte Stelle weiterqualifizieren muss. Daraus folgt, dass Sie

- Maßnahmen, die nur einen geringen Nutzen hatten, wie das Wochenendseminar Wirtschaftsenglisch,
- lange zurückliegende Kurse,
- Kurse, die sich auf überholte Programme (Software) oder Methoden beziehen,
- Fortbildungen in Bereichen, in denen sie mittlerweile weitere und intensivere Schulungen besucht haben, oder
- Veranstaltungen, die in keinem Zusammenhang zu der angestrebten Stelle stehen,
- sehr genau daraufhin überprüfen sollten, ob Sie diese wirklich erwähnen beziehungsweise in welcher Form diese Eingang in Ihren Lebenslauf finden sollen. Schließlich wollen Sie keinen Seminarkatalog erstellen.

Seminare, die Sie erwähnen, können Sie in verschiedener Form aufführen. Wenn es sich um Seminare mit anerkanntem beziehungsweise in Ihrem Bereich bekanntem und respektiertem Abschluss (beispielsweise IHK oder staatlich anerkannt) handelt, dann sollten

Sie diese nach dem allgemeinen Schema mit Datum, Kursbezeichnung, Institution, Ort und genaue Bezeichnung des Abschlusses aufführen. Bei längeren Curricula empfiehlt es sich, deren Schwerpunkte aufzuzählen. Auch Form, Inhalt oder Thema der Prüfung können eine Erwähnung wert sein, zum Beispiel ist bei einer Projektarbeit das Thema interessant. Bei kürzeren oder weniger bekannten Seminaren genügt es meist, deren Titel aufzuzählen oder mehrere Seminare unter einem Aufzählungspunkt zusammenzuführen: »Besuch mehrerer Seminare zum Thema vertriebsorientierte Kommunikation«.

Tipp: Bedenken Sie, dass es auch Formen der Weiterbildung gibt, denen man ihren Personalentwicklungscharakter nicht unmittelbar ansieht, die aber doch zur Entwicklung des Mitarbeiters beitragen. Dazu gehört der Besuch von Messen, Konferenzen und Vorträgen, aber auch das selbstständige Studium von Fachzeitschriften und Fachliteratur. Solche Aktivitäten können Sie ebenfalls berücksichtigen; natürlich nicht in der Form, dass Sie die Bücher aufzählen, die Sie gelesen haben.

Was eine **Zusatzqualifikation** sein kann, lässt sich nicht im Voraus beantworten. Wichtig für Ihre Entscheidung sind jedoch nur die Kriterien: Besteht ein sinnvoller Zusammenhang zur angestrebten Tätigkeit und zeigt sich darin ein wesentlicher Aspekt meiner Persönlichkeit (zum Beispiel bei Hobbys). Unter die Rubrik Zusatzqualifikationen fallen beispielsweise

- Sprachkenntnisse, EDV-Kenntnisse,
- besondere kaufmännische oder technische Fähigkeiten,
- Ehrenämter,
- Auslandsaufenthalte,
- Hobbys sowie persönliche Eigenschaften.

Im Abschnitt »Das Qualifikationsprofil oder die ›dritte Seite‹« (s. S. 149ff.) gehen wir näher auf diese Punkte ein. Denn: Weiterbildungen und Zusatzqualifikationen können in ein separates Qualifikationsprofil übernommen werden, wo diese ausführlicher erläutert werden und damit den Lebenslauf weniger aufblasen.

Der Lebenslauf schließt immer mit der Angabe von Ort und Datum und Ihrer Unterschrift ab. Vergleichen Sie hierzu den entsprechenden Absatz im Abschnitt »Das Anschreiben« (s. S. 113ff.).

Zu einer vollständigen Angabe im Lebenslauf gehört es, dass man die folgenden vier Punkte angibt: **Wann habe ich was bei wem und wo gemacht?** Bezeichnungen, Orte, Firmen- beziehungsweise Institutsnamen, Abschlüsse, Spezialisierungen, Tätigkeiten, besondere Kenntnisse etc. können natürlich bei allen Stationen des Lebenslaufes aufgezählt werden. Je nach ihrer Bedeutung für die angestrebte Stelle werden die einzelnen Stationen im Lebenslauf somit ausführlicher oder kürzer behandelt werden. Wir nennen das biografische Anpassungsleistungen. Achten Sie darauf, dass sich ein lückenloser »roter Faden« durch Ihren Lebenslauf zieht.

Sämtliche Angaben im Lebenslauf eignen sich als Anknüpfungspunkte für das Vorstellungsgespräch. Seien Sie auf Fragen gefasst. Ehrlichkeit ist ein Muss.

Tipps zum Umgang mit Lücken im Lebenslauf

Wie geht man mit Lücken um? Eine Möglichkeit Lücken zu schließen, ist das Aufführen von Tätigkeiten, die Sie in dieser Zeit tatsächlich ausgeübt haben. Beispielsweise können das Tätigkeiten in Teilzeit, auf Honorarbasis oder eine selbstständige Arbeit sein. Unterschätzen Sie diese Tätigkeiten nicht. Diese sind schließlich der Nachweis dafür, dass Sie aktiv waren und dass Sie zusätzliche berufliche Erfahrungen sammeln konnten. Besonderes Interesse besteht für den zukünftigen Arbeitgeber, wenn Sie Arbeiten beschreiben, die Ihr Kompetenzspektrum nachhaltig vergrößert haben.

Sie kommen aus der IT-Branche und haben, während Sie auf Stellensuche waren, auf Honorarbasis als IT-Consultant den Aufbau eines Netzwerks durchgeführt. Dabei haben Sie mit den neuesten Netzwerkstandards gearbeitet. Dieses Projekt zeigt, dass Sie in die Materie eingearbeitet sind und sich aus eigener Initiative mit den neuesten Technologien auseinander setzen. Ihre eigene Aktivität macht Sie darüber hinaus attraktiv!

Das Einfachste ist natürlich, man weist diese Lücken beziehungsweise Fehlzeiten aus. Verwenden Sie hier den Begriff »arbeitssuchend« und nicht »arbeitslos«. Selbstverständlich ist diese Möglichkeit nicht die eleganteste. Haben Sie eine lange Reise gemacht, beispielsweise nach Beendigung des Studiums, so können Sie einen Auslandsaufenthalt aufführen.

Eine, wie wir meinen, schöne Lösung, Lücken zu retouchieren, ergibt sich aus der Verwendung eines anderen Datumsformats. Wenn Sie bisher mit Monats- und Jahresangaben gearbeitet haben, können Sie ebenso nur mit Jahreszahlen arbeiten. Mögliche Datumsformate sind Folgende:

Seit 20.1.2003	Key Account Manager
1.4.2000–15.10.2002	Vertriebsmitarbeiter

Das tagesgenaue Datumsformat ist nicht empfehlenswert. Der Personalentscheider kann schnell erkennen, dass Lücken vorhanden sind oder Sie das Unternehmen zu einem ungewöhnlichen Zeitpunkt verlassen mussten. Das ist ein Hinweis auf eine fristlose Kündigung. Außerdem ist es schwierig, weit zurückliegende Zeitangaben korrekt zu recherchieren. Zusätzlich leidet die Übersichtlichkeit auf Grund der vielen Zahlen in Ihren Datumsangaben.

Seit 1/2003	Key Account Manager
4/2000–10/2002	Vertriebsmitarbeiter

In diesem Beispiel entsteht eine zweimonatige Lücke. Führen Sie den Nachweis Ihrer Tätigkeit mit Jahreszahlen so verschwindet diese Lücke sogar ganz.

Seit 2003	Key Account Manager
2000–2002	Vertriebsmitarbeiter

Trotzdem sollten Sie sich auf Fragen, die in einem Vorstellungsgespräch zu Ihren Lücken gestellt werden könnten, vorbereiten. Ein Personalentscheider kann auf Grund Ihrer Zeugnisse jederzeit Übergänge nachvollziehen und entsprechende Fragen stellen. Gehen

Sie selbstbewusst mit Ihren Lücken um. Bevor Sie fadenscheinige Tätigkeiten aufführen, stehen Sie zu dem, was Sie gemacht haben. Ehrlichkeit und Wahrheitsgehalt sind von großer Bedeutung. So genannte Lückenfüller können einen schlechten Eindruck beim Leser hinterlassen und sind im Vorstellungsgespräch kaum glaubwürdig zu erklären.

Welche Kriterien ein Personalentscheider anlegt beziehungsweise wie er Ihre Angaben im Lebenslauf bewertet, können Sie im Voraus nicht wissen. Wird er zum Beispiel kurze Verweilzeiten und häufige Stellenwechsel als mangelndes Anpassungsvermögen oder als schlecht ausgeprägte Zielstrebigkeit interpretieren oder wird er sogar positive Aspekte wie Flexibilität sehen. Somit ist schwer zu sagen, was gut und was weniger gut ist. Die folgenden Punkte der Checkliste sind populäre Analysekriterien für den Lebenslauf.

Checkliste: Analyse des Lebenslaufs

- Geschlecht, Familienstand und Alter.
- Zeitfolgeanalyse: Lücken, Abbrüche und Wechsel/Verweilzeiten.
- Qualifikationen und Erfahrungen, die eine Ausrichtung auf die angestrebte Stelle erkennen lassen.
- Was wurde in und aus den einzelnen Stellen gemacht? Konkrete berufliche Tätigkeiten, Verantwortungsbereiche, Befugnisse.
- Positionsanalyse: Aufwärtstrend, Abwärtstrend oder Brüche.
- Ist ein »roter Faden«, eine individuelle Ausrichtung und zielgerichtete Entwicklung erkennbar? Ist das bei Ihnen nicht der Fall, dann können Sie abweichende Stationen, sofern dadurch keine größere Lücke entsteht, und abweichende Qualifikationen weglassen. Notfalls schlagen Sie eine Brücke über Ihre dynamische Interessenentwicklung, die aus einer geänderten Interessenlage oder besonderen Umständen und Begegnungen herrührt.
- Persönliche Weiterbildung, aktive Persönlichkeitsentwicklung, die Arbeit an sich selbst als Bedingungsfaktor für Erfolg, Arbeitsethos und Motivation.
- Belastbarkeit mit Verantwortung und Führungsqualitäten.
- Ausbildungsniveau, Fähigkeit analytischen, abstrakten und kombinatorischen Denkens.
- Stimmt der Lebenslauf mit den übrigen Unterlagen und Zeugnissen überein? Seien Sie sorgfältig in der Zusammenstellung Ihrer Bewerbungsmappe.

Generell entscheidet der Kontext über den Erfolg des Lebenslaufs. Ein Lebenslauf beeindruckt mehr, wenn jemand als Facharbeiter beginnend über Schichtführer und Produktionsmeister eine Karriere bis zum Abteilungsleiter in der Fertigung durchläuft, als wenn ein anderer mit exquisiten Startvoraussetzungen wie dem Besuch einer angesehenen Hochschule mit Promotion, MBA und Auslandsstudium nur durchschnittliche Leistungen erbringt und wenig Verantwortung übernimmt.

Aussagekräftig, lückenlos, individuell und mit einer guten Sprache, sollten Sie Ihre Person im Lebenslauf treffend darstellen!

Das Qualifikationsprofil oder die »dritte Seite«

Viele Bewerber stellen beim Konzipieren Ihrer Bewerbungsunterlagen fest, dass der Lebenslauf nicht ausreicht, um die eigenen Erfahrungen hinlänglich darzustellen. Zum einen würde der Lebenslauf dadurch sehr lang und mit Informationen überfrachtet. Wie wir alle zum Beispiel aus der Zeitungslektüre wissen, fällt es uns leichter, mehrere kurze Texte zu lesen, als einen sehr langen. Auch wenn es beim Lebenslauf, anders als beim Anschreiben, keine zwingende Seitenbeschränkung gibt, sollte der Bewerber doch versuchen, sich kurz und präzise auszudrücken. Zum anderen bietet der Lebenslauf dem Bewerber nur wenige Möglichkeiten zur individuellen, adressatenspezifischen Gestaltung. Beispielsweise können Sie Erfahrungen oder Arbeitsaufgaben und Projekte aus verschiedenen Stationen Ihrer beruflichen Entwicklung nicht so zusammenstellen, dass sie dem Anforderungsprofil der ausgeschriebenen Stelle entsprechen.

Tipp: Wir empfehlen daher, eine Anlage zum Lebenslauf oder eine »dritte Seite« zu gestalten. Am häufigsten tritt diese Anlage zum Lebenslauf in der Variante des Qualifikationsprofils auf.

Im **Qualifikationsprofil** werden alle für den Personalentscheider zur Stellenbesetzung relevanten, über die Aufzählung der reinen Beschäftigungsverhältnisse der beruflichen Entwicklung hinausgehenden, Informationen zusammengestellt. Dabei können, wie bereits erwähnt, die Rubriken »Weiterbildung« und »Zusatzqualifikationen« in das Qualifikationsprofil aufgenommen werden. Das Qualifikationsprofil sollte dabei den Umfang einer Seite nicht überschreiten, damit es noch übersichtlich und mit einem Blick erfassbar bleibt.

Die Bausteine des Qualifikationsprofils müssen in Abhängigkeit von der zu besetzenden Stelle immer wieder neu zusammengestellt und formuliert werden. Die folgende Checkliste zeigt Ihnen die häufigsten und zugleich wichtigsten Bausteine eines Qualifikationsprofils. Sie können jederzeit weitere Punkte in Ihr Qualifikationsprofil aufnehmen.

Checkliste: Bausteine Qualifikationsprofil (Teil 1)

- **Weiterbildung.** Vergleichen Sie hierzu unsere Tipps zum »Lebenslauf« (s. S. 137ff.).
- **Sprachen.** Sprachen werden immer mit ihrem Beherrschungsgrad angegeben:
  - verhandlungssicher,
  - fließend,
  - in Wort und Schrift,
  - Schul- oder Grundkenntnisse.

  Die gängigen Beherrschungsgrade, wie sie in Stellenangeboten, beschrieben werden, sind »in Wort und Schrift« und »verhandlungssicher«. Wenn Sie nur über Grundkenntnisse verfügen, ist es fast besser, auf die Angabe des Beherrschungsgrades zu verzichten.
  Übungsfrage: Wie stufen Sie Ihren Beherrschungsgrad ein? Englisch in Wort und Schrift bedeutet beispielsweise, dass Sie eine schriftliche Warenbestellung in Südamerika in englischer Sprache ausführen und eine telefonische Nachfrage hierzu beantworten können.
- **Kenntnisse im Bereich Informations- und Kommunikationstechnologie.** Das könnten Programmierkenntnisse oder Anwenderfähigkeiten in unternehmensspezifischen oder allgemeinen Softwarepaketen sein. Geben Sie dabei immer die korrekte Programmbezeichnung und die Versionsnummer an. Zumindest wenn es sich um eine aktuelle Version des Programms handelt.

Beispiele:
- MS Windows XP
- MS Office XP
- MS Outlook 2003 oder Lotus Notes
- MS Project 2003
- Grafik- und Bildbearbeitungssoftware wie Corel Draw
- Internetrecherche mit MS Internet Explorer
- AutoCAD
- SAP/R3 oder PPS-Systeme
- Programmiersprachen: VBA, Java, C++

Wie bei Sprachkenntnissen kann auch bei IT-Kenntnissen ein Beherrschungsgrad angegeben werden.

- **Besonderes Know-how.** Bei diesem Know-how muss es sich um Wissen handeln, das aus Ihrem Fachbereich stammt. Sie können auch Ihre persönlichen fachlichen Schwerpunkte erwähnen, z.B.:
  - kaufmännisches Wissen,
  - handwerklich-technisches Können,
  - berufspädagogische Kenntnisse,
  - juristische Bildung,
  - naturwissenschaftliches Wissen.
- **Projekte.** Wenn Sie in Projekten mitgewirkt oder diese sogar geleitet haben, dann können Sie damit sowohl Ihre Erfahrungen und Kenntnisse im Projektmanagement als auch Ihre Fähigkeit selbstständig zu arbeiten demonstrieren. Vergessen Sie nicht, die Ergebnisse des Projektes zu erwähnen, sofern es erfolgreich beendet wurde und Sie daran einen entsprechenden Anteil hatten. Besonders interessant sind Projektergebnisse, die sich quantitativ ausdrücken lassen.

Für die bis hierher aufgeführten Zusatzqualifikationen gilt, dass Sie darüber keinen Nachweis in Form eines Zertifikates oder Zeugnisses führen müssen. Sie können sich diese Fähigkeiten und Fertigkeiten ebenso autodidaktisch angeeignet haben. Selbstverständlich gilt aber, dass Sie das, was Sie angeben, tatsächlich beherrschen müssen. Sie haben zwar Freiheiten, aber keinen Freibrief zu willkürlichen Übertreibungen.

Checkliste: Bausteine Qualifikationsprofil (Teil 2)

- **Ehrenämter.** Ehrenämter zeigen soziales Engagement oder auch handfeste berufliche Qualifikationen.
  - Der Controller ist gleichzeitig Kassenwart eines großen Förderkreises.
  - Die Führungskraft im mittleren Management ist Abteilungsvorsitzender in einem Sportverein.

- **Mitgliedschaften.** Für Mitgliedschaften in Verbänden und Vereinen gilt prinzipiell das Gleiche wie für Ehrenämter.
  - REFA-Verband
  - Deutsche Gesellschaft für Personalführung (DGFP)
  - Gesellschaft für Projektmanagement (GPM)
  - Verein deutscher Ingenieure (VDI)
  - Bundesverband Sprecherziehung (BVS)

- **Auslandsaufenthalte.** Längere Auslandsaufenthalte, die Hinweise auf Sprachkenntnisse und interkulturelle Kompetenzen geben können, sollten aufgeführt werden. Das gilt natürlich nicht für einen Urlaubsaufenthalt. Beispiele:
  - Entsendungen als Expatriate
  - Projekte und Inbetriebnahmen im Ausland

- **Publikationen.** Wenn Sie im Laufe Ihres Studiums, Ihrer Promotion oder Ihres Berufslebens Veröffentlichungen und Artikel in Büchern, Zeitungen, Zeitschriften oder elektronischen Medien verfasst haben, dann sollten Sie diese angeben. Sind das beispielsweise bei einer wissenschaftlich geprägten Karriere sehr viele, empfehlen wir, eine separate Publikationsliste anzufertigen.

- **Führerscheine.** Für Hochschulabsolventen oder Führungskräfte im mittleren oder oberen Management sind Führerscheine in der Regel von untergeordneter Bedeutung. Ausnahmen:
  - Führerscheine werden im Stellenangebot explizit gefordert oder
  - die Ausübung der Tätigkeit erfordert (vielleicht sogar spezielle) Führerscheine.

- **Aktivitäten und Hobbys.** Private Aktivitäten und Hobbys vermitteln einen anschaulichen Eindruck der Person des Bewerbers. Dabei kann leicht ein unerwünschter Eindruck entstehen. Vergleichen Sie die Hobbys der beiden Bewerber im folgenden Beispiel:
  - Angeln, Schach und Kino
  - Tanzen, Reisen und Volleyball

Damit soll keineswegs eine Aussage darüber getroffen werden, welcher Bewerber die besseren Hobbys hat oder gar der bessere Mensch ist, aber es entsteht zweifellos ein sehr unterschiedlicher Eindruck.
Halten Sie sich mit der Anzahl Ihrer Freizeitbeschäftigungen zurück. Es soll nicht der Eindruck entstehen, dass Sie eigentlich gar keine Zeit für den neuen Job haben. Vermeiden Sie es, Hobbys anzugeben, die – vielleicht zu Unrecht – einen schlechten Ruf haben oder als gefährlich gelten.

- **Persönliche Eigenschaften.** Charaktereigenschaften, die Ihre Persönlichkeit besonders gut beschreiben, können ebenfalls in das Qualifikationsprofil aufgenommen werden.

Die Möglichkeiten, wie ein Qualifikationsprofil mit Inhalt gefüllt werden kann, sind alles in allem sehr vielfältig. Sie müssen aber keinesfalls alle Punkte einzeln abarbeiten. Suchen Sie sich die Punkte heraus, bei denen Sie in Bezug auf die angestrebte Tätigkeit die meisten und besten Argumente auf Ihrer Seite haben.

Beispielsweise können Sie auf Hobbys, Führerscheine, Ehrenämter oder Mitgliedschaften verzichten und sich stattdessen auf die Bereich EDV-Kenntnisse, Sprachen, Weiterbildung und Projekte konzentrieren.

Für Ihre Entscheidung, welche Punkte Sie in das Qualifikationsprofil aufnehmen möchten und welche nicht, gibt es nur eines, was Sie sich ständig fragen müssen: Hat diese Information etwas mit der Stelle zu tun, für die ich mich bewerben möchte? Könnte diese Information dazu beitragen, den Leser von meiner Eignung zu überzeugen?

Weitere Möglichkeiten für eine »dritte Seite«

Das Qualifikationsprofil ist mit Sicherheit die am häufigsten benutzte Anlage zum Lebenslauf. Sie haben aber noch einige weitere Alternativen:

- In einem Motivations- und Persönlichkeitsprofil können Sie ausführlicher darlegen, als das in Anschreiben, Lebenslauf oder Qualifikationsprofil möglich ist, warum Sie für die angestrebte Position geeignet sind. Was Sie motiviert, sich zu bewerben, was Sie an der Aufgabe reizt, welche Eigenschaften Sie besonders auszeichnen oder welche Ihrer Bedürfnisse die angestrebte Aufgabe befriedigt. Das Motivations- und Persönlichkeitsprofil wird normalerweise wie das Anschreiben ausformuliert.
- Sofern Sie auf dem relevanten Gebiet sehr viele Weiterbildungen absolviert oder Erfahrungen gesammelt haben, können Sie diese unter einer Überschrift wie »Trainerqualifikationen« oder »Projektqualifikationen« anforderungsspezifisch zusammenstellen. Vor allem wenn Sie viele Erfahrungen bei verschiedenen Arbeitgebern gesammelt haben, muss sich der Leser des Lebenslaufs alle für die zu besetzende Position wesentlichen Erfahrungen zusammensuchen. Gerade Ihre Erfahrungen, die schon weiter zurückliegen, werden dabei leicht übersehen. Stellen Sie also unter einer Überschrift wie beispielsweise »Marketingerfahrungen«, »Führungsqualifikationen« oder »Erfahrungen im Personalmanagement« Ihre relevanten Aufgaben und Tätigkeitsbereiche zusammen. Dadurch wirken Ihre Bewerbungsunterlagen zielgruppenspezifischer.
- Vor allem wenn Ihnen Arbeitszeugnisse fehlen, sodass Ihre Bewerbung keine detaillierten Informationen über Ihre Berufstätigkeit enthalten würde, kann es sinnvoll sein, eine Art Stellenbeschreibung selbst zu erstellen. Eine solche Stellenbeschreibung kann außer der Stellenbezeichnung Angaben zur organisatorischen Einordnung der Stelle, zu Stellenzielen, -aufgaben, -kompetenzen und -verantwortung, schließlich aber auch Angaben zu den Stellenanforderungen enthalten. Sie können so Ihre Arbeitstätigkeit genauer beschreiben, als das in einem Lebenslauf möglich wäre.

Für alle Anlagen zum Lebenslauf gilt, dass Sie auf eine Zeitangabe verzichten können – nicht müssen.

Meine berufliche Qualifikation
Aufgrund meiner Ausbildung, meines Studiums und meiner bisherigen Tätigkeiten habe ich ein breites und vielfältiges Interessenspektrum.
In meinem Studium war mir eine umfassend angelegte, praxisorientierte Ausbildung wichtig. Eine Veröffentlichung über Prinzipien der Personalorganisation, eine Projektarbeit bei Beiersdorf AG, Hildesheim, sowie Praktika in den Personalabteilungen der Unternehmen Adam Opel AG und Price Waterhouse Coopers ergänzen meine Hochschulausbildung.
Als Leiter der Abteilung Weiterbildung der SRH gGmbH repräsentiere ich bei Events, Inhouse-Veranstaltungen und Fachmessen die SRH-Gruppe sicher und fachkundig. Ferner berate und qualifiziere ich Seminarteilnehmer mit dem Ziel, deren Wettbewerbsfähigkeit auf dem Arbeitsmarkt zu erhöhen.

Meine Persönlichkeit
Zu meinen persönlichen Stärken zählen analytisches und kreatives Denken, Engagement, Ausdauer, teamorientiertes Arbeiten, ein gutes Maß an Intuition und den Wunsch, etwas zu bewegen.

Ich freue mich darauf, meine soziale Kompetenz, welche ich während meiner Berufstätigkeit und im täglichen kooperativen Umgang mit meinen Mitarbeitern, Seminarteilnehmern und den externen Trainern beweise und weiterentwickle, in Projekte in Ihrem Hause einzubringen.

Hamburg, 3. Dezember 2004

Beispiel für ein Persönlichkeitsprofil

Weitere Beispiele für das Gestalten der »dritten Seite« stehen Ihnen unter **www.komquadrat.de, www.einzigartig-bewerben.de** oder **www.beltz.de/buecher/einzigartig-bewerben.htm** im Internet zum Download zur Verfügung.

Arbeitszeugnisse

Neben dem Anschreiben und dem Lebenslauf sind die Arbeitszeugnisse, insbesondere das jüngste Arbeitszeugnis, ein wesentlicher Bestandteil der Bewerbungsmappe. Fehlende oder schlechte Arbeitszeugnisse bedeuten für eine Bewerbung meist das »Aus«.

Im Gegensatz zu allen anderen Bestandteilen der Bewerbungsmappe sind Zeugnisse und Zertifikate aber nicht vom Bewerber zu verfassen. Das macht den Umgang mit ihnen keineswegs leichter. Vielmehr sollten Sie sich schon frühzeitig, also noch lange bevor Sie sich mit dem Gedanken an eine Bewerbung tragen, strategisch verhalten und Arbeitszeugnisse beziehungsweise Zwischenzeugnisse aktiv einfordern und genau analysieren. Nur so können Sie Einfluss auf den Inhalt der Zeugnisse nehmen, Monate und Jahre später ist das in der Regel nicht mehr möglich.

Ausführliche Informationen zum Arbeitszeugnis, Aufbau und Inhalt des Arbeitszeugnisses sowie zum Zeugniscode können Sie im Internet bei **www.komquadrat.de, www.einzigartigbewerben.de** oder **www.beltz.de/buecher/einzigartig-bewerben.htm** herunterladen.

Was zeichnet ein gutes Arbeitszeugnis aus? Eine Hilfestellung hierzu finden Sie in der nebenstehenden Checkliste. Überprüfen Sie anhand der aufgeführten Kriterien Ihre bisherigen Arbeitszeugnisse.

Adressen zu Zeugniscodes im Internet

www.anwalt-im-netz.de/Arbeitsrecht/Zeugniscode/...
www.arbeitszeugnis-info.de/index_visit.htm?inhalt02-geheimcode
www.jobworld.de/artikel/arbeitszeugnis
www.uni-tuebingen.de/uni/qqp/Geheimcode.html

Kostenpflichtige Zeugnisanalysen im Internet

www.focus.msn.de/PF1D/PF1DN/PF1DNA/pf1dna.htm?id=3705&mid=3706 (ca. 48 Euro)

Zeugniserstellung

www.arbeitszeugnis.de/ (ca. 79 bis 99 Euro)

Checkliste: Formale und inhaltliche Ansprüche an das Arbeitszeugnis

- Das Zeugnis muss fehlerlos auf offiziellem Firmenbriefpapier gedruckt sein. Es muss in gutem Zustand sein und darf keine Korrekturen aufweisen.
- Ein qualifiziertes Zeugnis sollte mindestens eine Seite lang sein.
- Die Unterschrift eines deutlich ranghöheren Mitarbeiters oder eines Vertreters der Unternehmensleitung sollte vorhanden sein.
- Achten Sie auf darauf, dass Austrittsdatum und Ausstellungsdatum eng beieinander liegen und dass das Austrittsdatum einem regulären Kündigungstermin entspricht.
- Ist das Zeugnis in wohlwollendem oder kühlem und knappem Ton verfasst?
- Zeigt Ihr Zeugnis, dass man sich damit Mühe gegeben hat? Denken Sie an Rechtschreibung und Zeichensetzung.
- Prüfen Sie, ob alle relevanten Inhalte in Ihrem Zeugnis enthalten sind.
- Beachten Sie bei Ihrer Zeugnisanalyse, dass genauso aufschlussreich sein kann, was in Ihrem Arbeitszeugnis steht, wie das, was nicht enthalten ist, aber enthalten sein könnte.
- Wurde Ihre Zusammenarbeit mit allen relevanten Bezugsgruppen beschrieben?
- Unterbrechungen wie Krankheitszeiten dürfen nicht erwähnt werden. Sonderurlaub (für ein Studium) oder Elternzeiten dürfen dagegen genannt werden.
- Entfernen Sie alle scheinbar zufälligen »Ausrutscher« (Punkte, Striche oder Schnörkel) mit Tipp-Ex, ehe sie Ihre Zeugniskopien erstellen. Bei eingescannten Unterlagen können Knicke und Eselsohren retuschiert werden.

Besondere Bewerbungsunterlagen

Arbeitsproben

Unter einer Arbeitsprobe versteht man Unterlagen oder Gegenstände aus dem Arbeitsalltag, die dazu dienen, Arbeitsweise und Qualifikation des Bewerbers anhand eines Beispiels zu belegen. Arbeitsproben hat der Bewerber in der Regel selbst erstellt, beziehungsweise er hat an deren Erstellung mitgearbeitet. Sie bieten sich nicht für Bewerber jeder Berufsgruppe in gleichem Maße an. Vielfach werden Arbeitsproben zum Vorstellungstermin mitgebracht oder erst vor Ort erstellt. Lesen Sie dazu den entsprechenden Abschnitt im Kapitel »Auswahlverfahren« (s. S. 188ff.). Beispiele für Arbeitsproben sind:

- Veröffentlichungen, Reportagen oder Berichte,
- Broschüren, Leitfäden oder Flyer,
- Entwürfe, Skizzen, Konstruktionen oder Zeichnungen,
- Bilder von Bauwerken, Konstruktionen, Maschinen, Produkten, Anlagen oder Events sowie
- Programme, Animationen, Websites und Grafiken.

Filmsequenzen oder Arbeitsstücke sind normalerweise zu aufwändig. Viele Arbeitsproben sprechen nicht für sich selbst. Sie müssen beschriftet oder mit einem Text versehen werden. Erst dann ist ersichtlich, welchen Anteil an einer Anlage oder an einer Produktentwicklung Sie hatten, beziehungsweise wie die Funktionsweise einer Maschine ist oder der Ablauf einer Veranstaltung war.

Beachten Sie aber, dass Sie keine Unterlagen einreichen beziehungsweise mitbringen, die interne vertrauliche Dokumente Ihres Arbeitgebers sind.

Profil-Matrix

Wenn Sie in Ihrem Berufsleben viele verschiedene Stationen durchlaufen haben, die jeweils unterschiedliche und komplexe Anforderungen an Sie gestellt haben, dann kann ein Lebenslauf das nur unzureichend wiedergeben. Die rein sequenzielle Ordnung eines Lebenslaufs und die ausschließlich verbale Darstellung machen es schwer, viele Informationen, die zudem noch untereinander in Beziehung stehen, übersichtlich darzustellen. Eine übersichtliche auf die Stelle zugeschnittene Darstellung ist mit einem Qualifikationsprofil besser möglich als ausschließlich mit einem Lebenslauf. Im Folgenden wollen wir nun mit der Profil-Matrix eine stärker grafisch orientierte Darstellungsform zeigen.

Die **Profil-Matrix** ist eine zweidimensionale tabellarische Darstellung der wichtigsten Stationen des Lebenslaufs in den Zeilen und der Erfahrungen des Bewerbers anhand seiner bisherigen Tätigkeitsbereiche, der persönlichen Stärken und/oder wichtiger Unternehmens- oder Stellendaten in den Spalten. Wir wollen das anhand eines Beispiels näher betrachten:

	Anforderungsprofil	Tätigkeitsgebiete							Persönliche Stärken				Daten		
		IT				Fertigung									
Berufliche Entwicklung		Hardwaredefinition	Softwareauswahl	Programmierung	Netzwerke	Produktionsanlauf	Endmontage	...	Teamfähigkeit	Führungskompetenz	Kommunikationstalent	...	Budgetverantwortung in t€	Führungsverantwortung	...
1986 bis 1995	Informatikstudium an der Universität Karlsruhe	X	X	X	X				X						
1995 bis 1996	Traineeausbildung bei der Karmann AG, Osnabrück			X		X			X		X				
1996 bis 1998	Teilprojektleiter in einem CIM-Projekt bei der Karmann AG, Osnabrück		X		X	X	X		X	X	X		10	3	
1998 bis 2001	Gruppenleiter CIM in der Zentralen Informatik bei der Karmann AG, Osnabrück	X	X		X	X	X	X	X	X	X		250	7	
seit 2001	Spartenleiter CIM-Systeme bei der CorporateSoft GmbH	X	X	X	X	X	X	X	X	X	X	X	2000	30	

In diesem Beispiel wurden nur einige »Tätigkeitsbereiche«, »Persönliche Stärken« und »Daten« exemplarisch aufgeführt. Die »...« deuten an, dass noch weitere Punkte aufgeführt werden können, die hier der Übersicht halber weggelassen wurden.

Ein vollständiges Beispiel der Profil-Matrix finden Sie im Internet unter **www.komquadrat.de, www.einzigartig-bewerben.de** oder **www.beltz.de/buecher/einzigartig-bewerben.htm**

Die aufgeführten Profilmerkmale sollten sowohl Ihre persönlichen Kompetenzen als auch das Anforderungsprofil aus der Stellenanzeige inhaltlich abbilden. Im Idealfall entsteht durch eine zielorientierte berufliche Entwicklung, deren Stationen in den einzelnen Zeilen abgebildet wird, ein Pyramidenprofil.

Im Beispiel reicht dies von einem sehr kleinen Kompetenzbereich als Trainee bis zu einem breiten Verantwortungsbereich in der aktuellen Position als Spartenleiter eines Softwareunternehmens. Der Bewerber hat es durch seine konsequente

Entwicklung geschafft, sein Aufgabengebiet und damit zusammenhängend seine persönlichen Stärken auszuweiten. Das zeigt sich in seiner immer größeren Budget- und Führungsverantwortung.

Die Vorteile der Profil-Matrix liegen in ihrer übersichtlichen grafischen Darstellung und der Möglichkeit, sie spezifisch auf die benötigten Anforderungen abzustimmen. Wenn Sie jedoch eine berufliche Entwicklung durchlaufen haben, die weniger zielstrebig verlaufen ist und Brüche in Ihrer beruflichen Karriere aufweist, sodass die Profil-Matrix mehr einem »Schweizer Käse« als einer Pyramide gleicht, dann ist es empfehlenswerter beim klassischen Qualifikationsprofil zu bleiben.

Referenzen

Referenzen sollten Sie nur angeben, wenn diese ausdrücklich gefordert werden, was heute nur noch selten passiert, und wenn eher im Top-Management. Referenzen sollen das Bild eines Bewerbers abrunden und objektivieren. Da Sie zuvor die Zustimmung Ihrer Referenzgeber einholen, ist die Objektivierungsfunktion von Referenzen fragwürdig, was manche Personalmanager dazu verleitet, spontan und ungefragt bei früheren Arbeitgebern anzurufen. Diese Vorgehensweise ist grundsätzlich zulässig.

Wenn Sie nach Referenzen gefragt werden, sollten Sie bei solchen Referenzgebern nachfragen,

- die auf einer höheren Hierarchieebene stehen und einiges Renommee aufweisen,
- die aber dennoch tatsächliche Aussagen über Ihre beruflichen Qualifikationen und Kompetenzen machen können und
- die Ihnen mit Sicherheit eine gute Referenz geben werden.

Diese Referenzen werden dann auf einem gesonderten Blatt mit Titel, Position, Organisationseinheit und Kontaktdaten angegeben.

Handschriftenproben

Ähnliches wie für die Referenzen gilt für Handschriftenproben: Sie werden heute kaum noch eingefordert. Das liegt daran, dass die fachmännische Auswertung von Handschriftenproben langwierig und teuer, ihre Aussagekraft zudem begrenzt und umstritten ist. Die Befürworter argumentieren, dass es unverfälschbare Merkmale der Handschrift gäbe, die Rückschlüsse auf die Persönlichkeit des Schreibers zulassen. Die Gegner bezweifeln nicht, dass es typische Merkmale der Handschrift gibt. Sie glauben aber, dass diese in einer Handschriftenprobe zu stark verfälscht werden, um eine Aussage zuzulassen. Rückschlüsse von der Handschrift auf den Charakter halten sie grundsätzlich für zweifelhaft.

Kurzprofil

Ein Kurzprofil ist eine Zusammenfassung der für eine Position wesentlichen Qualifikationsmerkmale eines Bewerbers. Kurzprofile treffen Sie im täglichen Leben häufig an, beispielsweise bei der Vorstellung eines Redners oder als Klappentext über einen Buchautor. Daran sehen Sie auch, dass ein Kurzprofil seinem Namen alle Ehre machen sollte.

INFO

Welche Funktionen hat ein Kurzprofil?

- Es dient dazu, den Bewerber vorzustellen.
- Es zeigt die für die angestrebte Position wichtigsten Kernqualifikationen.
- Es soll neugierig machen. Der Leser soll den Bewerber oder seine ausführlichen Bewerbungsunterlagen kennen lernen wollen.
- Es soll einen schnellen Überblick verschaffen.

Anhand dieser Funktionen sehen wir, wie das Kurzprofil taktisch in den Bewerbungsprozess eingebunden werden kann. Wir empfehlen drei mögliche Vorgehensweisen:

- Wenn Sie über sehr umfangreiche Bewerbungsunterlagen verfügen, kann es sinnvoll sein, den Leser langsam heranzuführen. Ihm also zuerst Überblickinformationen zu geben, die im Kurzprofil enthalten sind, ehe er sich den anderen, umfangreicheren und detaillierteren Dokumenten in der Bewerbungsmappe zuwendet. Der Leser kann somit leicht selbst entscheiden, wie intensiv er sich mit den vorliegenden Bewerbungsunterlagen beschäftigen möchte. Diese Vorgehensweise ist aber nur bei wirklich umfangreichen Bewerbungsmappen sinnvoll.
- Viel häufiger werden Kurzprofile im Rahmen einer Initiativbewerbungsstrategie eingesetzt. Ein Kurzprofil kombiniert mit einem ausgefeilten Anschreiben dient dazu, den vorhandenen Bedarf abzuklären und Interesse beim angeschriebenen Unternehmen zu wecken. Wenn das gelingt, können die ausführlichen Bewerbungsunterlagen nachgereicht werden. Diese Vorgehensweise hat den Vorteil, dass Sie Ihre aufwändige und teure Bewerbungsmappe mit allen persönlichen Daten nicht auf gut Glück verschicken müssen, sondern Sie können zuvor den Bedarf eruieren. Natürlich darf eine solche Kurzbewerbung aus Anschreiben und Kurzprofil nicht zu einem Standardbrief verkommen.
- Das Kurzprofil ist ebenfalls außerordentlich gut für eine Online-Bewerbung geeignet. Oftmals ist dieser Appetitanreger ein Türöffner. Auf Grund seiner geringen Dateigröße können Sie es problemlos über das Internet verschicken.

! Auch für das **Kurzprofil** gilt, dass es angepasst und unternehmensspezifisch formuliert werden muss.

Vor allem, wenn Sie das Kurzprofil im Rahmen einer Initiativbewerbung einsetzen, zwingt Sie das dazu, auch die Initiativbewerbung nicht allgemein zu halten, sondern auf die erwünschte Stelle hin abzustimmen. Schauen Sie sich zunächst das Beispiel auf der gegenüberliegenden Seite an.

KURZPROFIL

Andreas Kaufmann
Staatl. gepr. Techniker
Maschinenweg 1
68531 Maintal

Persönliche Daten

Geboren am 20.01.1968 in Mannheim
ledig

Berufsausbildung

Ausbildung zum Tischler
Abschluss: Tischlergeselle

Ausbildung zum Tischlermeister
Abschluss: Tischlermeister

Studium zum Holztechniker
Fachschule für Holz, Michelstadt
Abschluss: Staatl. gepr. Techniker

Studium zum Betriebswirt des Handwerks
Akademie des Handwerks, Frankfurt am Main
Abschluss: Staatl. anerkannter Betriebswirt d. H.

Berufliche Entwicklung

Gesellenzeit in verschiedenen Tischlereien
Rhein-Main Gebiet

Oberwerkmeister
JVA, Dieburg

Tischlermeister
Messebau Zimmermann GmbH, Bad Vilbel

Leiter der Reklamationsabteilung
Mann Mobilia, Frankfurt am Main

Produktionsleiter und Werkstattleiter mit Prokura
Miller Int. Woddenhouses Inc.,Darthmouth, N.B., Kanada

Berufliche Tätigkeiten

Eigenverantwortliche Produktions- und Werkstattleitung
Unterweisen und Einarbeiten der Mitarbeiter
Personalführung für bis zu acht Mitarbeiter
Materialeinkauf und Preisverhandlung mit Zulieferern
Projektplanung und Durchführung von Einfamilienhäusern
Erstellung aller Werkpläne und Details
Rechnungs- und Kalkulationskontrolle
Logistische Abwicklung incl. Zollabwicklung ins europäische Ausland
Alle üblichen Tischlerarbeiten der Bau- und Möbeltischlerei

Zusatzqualifikationen

Weiterbildung
REFA Grundscheine A und B
Lehrberechtigung zum Abhalten von Maschinenkursen TG-4(BG)

Fremdsprachen
Verhandlungssicheres Englisch in Wort und Schrift

EDV-Kenntnisse
Microsoft Windows, Word und Excel
CNC und CAD

Maintal, 27.07.2003 Andreas Kaufmann

Andreas Kaufmann
069/347929 · 0170/649918
a.kaufmann@web.de

Beispiel eines Kurzprofils

Der inhaltliche und formale Aufbau des Kurzprofils ähnelt dem eines Lebenslaufes. Da das Kurzprofil nicht länger als eine Seite sein sollte, um vom Leser schnell erfasst werden zu können, empfehlen wir, nur die wesentlichen Daten aus dem Lebenslauf und seinen Anlagen zu übernehmen.

Kurzprofil

- Name, Geburtsdatum und Anschrift mit Telefonnummer und E-Mail-Adresse,
- Ausbildung und/oder Studium mit Abschluss,
- ein auf die angestrebte Stelle abgestimmtes Tätigkeitsprofil als Zusammenfassung aller bisher in diesem Bereich gesammelten Erfahrungen sowie
- die für die Stelle relevanten Informationen aus dem Qualifikationsprofil.

Wir empfehlen Ihnen, schon beim Kurzprofil mit Ihrem persönlichen Corporate Design zu beginnen. Da es sich beim Kurzprofil um ein einseitiges Dokument handelt, spielt es keine Rolle, ob Sie eine vorwärts- oder rückwärtschronologische Anordnung wählen. Sie sollten aber trotz des begrenzten Platzes auf eine gut strukturierte funktionale Gliederung mit Absätzen nicht verzichten. Die Frage der Spaltenzahl stellt sich beim Kurzprofil weniger, da es nicht auf eine lückenlose Darstellung der beruflichen Stationen abzielt, sondern die qualifikationsrelevanten »Highlights« zusammengestellt werden. Deswegen werden Sie wahrscheinlich zumeist eine einspaltige Darstellungsweise wählen.

Wie im Lebenslauf können Sie Ihre Angaben mit den entsprechenden quantitativen Daten belegen. Geben Sie also an, welche Erfolge Sie hatten: beispielsweise Kostensenkungen, Umsatzsteigerungen, Produktivitätsverbesserungen.

Optimierung der Bewerbungsunterlagen

Eines der wesentlichen Prinzipien unserer Vorgehensweise ist die Prozesshaftigkeit der Gestaltung der Bewerbungsunterlagen. Kaum jemand dürfte in der Lage sein, von Anfang an eine gelungene Bewerbung zu Papier zu bringen. Zumeist werden Sie eine vorläufige Version Ihrer Unterlagen erstellen, die Sie dann nach und nach optimieren. Nach unserer Erfahrung benötigen Sie mindestens zwei oder drei Überarbeitungen, um die endgültige Fassung Ihrer Unterlagen zu entwickeln.

In diesem Kapitel veranschaulichen wir Ihnen anhand eines kommentierten Beispiels aus der Praxis, wie der Optimierungsprozess Ihrer Bewerbung ablaufen kann. Wir haben die Bewerbungsmappe in die Abschnitte Deckblatt, Lebenslauf und Qualifikationsprofil unterteilt, die wir im Anschluss jeweils kommentieren. Der Optimierungsprozess der Bewerbungsunterlagen umfasste drei Versionen.

Erster Korrekturlauf

Die Bewerbung von Herrn Kaufmann besticht auf den ersten Blick durch ihre unkonventionelle Blattaufteilung: Zeitleiste rechts unter dem Adresskopf und links die beruflichen Stationen mit den jeweiligen Tätigkeiten. Diese grafische Aufteilung mit durchgängigem Adressblock gefällt uns sehr gut.

Auf den zweiten Blick haben wir jedoch eine Vielzahl von Verbesserungsvorschlägen zu machen.

Andreas Kaufmann
Staatl. gepr. Techniker
Maschinenweg 1
68531 Maintal
Tel. 0 69/ 34 79 29

✓ Mobiltelefon
✓ E-mail Adresse

Diese Seite ist überflüssig!

~~Bewerbungsunterlagen für die Firma~~ – Deckblatt
~~Kenngott International GmbH & Co. KG~~

Überarbeitung von Herrn Kaufmanns – Einleitungsseite

Andreas Kaufmann
Staatl. gepr. Techniker
Maschinenweg 1
68531 Maintal
Tel. 0 69/ 34 79 29

V Bewerbung

V als Montageleiter bei der Firma Kerngott International GmbH & Co. KG

– zu klein

20.01.1968	**Geburtsdatum**
Mannheim	**Geburtsort**
ledig	**Familienstand**
~~deutsch~~	~~**Nationalität**~~

Überarbeitung Deckblatt

Andreas Kaufmann
Staatl. gepr. Techniker
Maschinenweg 1
68531 Maintal
Tel. 0 69/ 34 79 29

CURRICULUM VITAE

Berufspraxis *liche Entwicklung*

Mann Mobilia
Frankfurt am Main

seit 05.2001

Planung und Organisation der Ausliefermannschaften
Rechnungs- und Kalkulationskontrolle
Terminüberwachung

Messebau Zimmermann GmbH
Bad Vilbel

11.2000-04.2001

Planung und Organisation der Werkmannschaften
Erstellen von Messeablaufplanungen und Endkontrolle der Objekte
Materialauswahl und Disposition

Miller Int. Woddenhouses Inc.
Darthmouth, N.B., Kanada

08.1999-10.2000

Planung und Organisation der Werkmannschaften
Erstellen von Werkzeichnungen sowie Fertigungsüberwachung
Abrechnen von Löhnen und Gehältern

JVA Schreinerwerkstatt
Dieburg

08.1995-08.1999

Anleitung und Ausbildung der Lehrlinge
Organisation und Durchführen von Maschinenkursen
Kontrolle und Wartung des Maschinenparks

Gesellenzeit in verschiedenen Tischlereien
Rhein-Main Gebiet

10.1986-06.1992

Alle üblichen Tischlerarbeiten der Bau und Möbeltischlerei

nächste Seite

Überarbeitung Lebenslauf Seite 1

Andreas Kaufmann
Staatl. gepr. Techniker
Maschinenweg 1
68531 Maintal
Tel. 0 69/ 34 79 29

Schulausbildung

CURRICULUM VITAE — Berufs- **Ausbildung**

Pestalozzi Grund- und Hauptschule
Neu-Isenburg
Abschluss: Hauptschulabschluss — 08.1974-08.1983

Ausbildung zum Tischler
Tischlerei Strehl Neu-Isenburg
Abschluss: Tischlergeselle — 09.1983-09.1986

Ausbildung zum Tischlermeister
Gewebeschule Offenbach
Abschluss: Tischlermeister — 07.1992-07.1993

Studium zum Holztechniker
Fachschule für Holz, Michelstadt
Abschluss: Staatl. gepr. Techniker
Fachrichtung Holztechnik — 08.1993-07-1995

Studium zum Betriebswirt des Handwerks
Akademie des Handwerks, Frankfurt am Main
Abschluss: Staatl. anerkannter Betriebswirt d. H. — 08.1998-04.2001

nach unten

Chronologie der Seite Berufliche Entwicklung anpassen!

nach oben

✓ Ort, Datum, Unterschrift

Überarbeitung Lebenslauf Seite 2

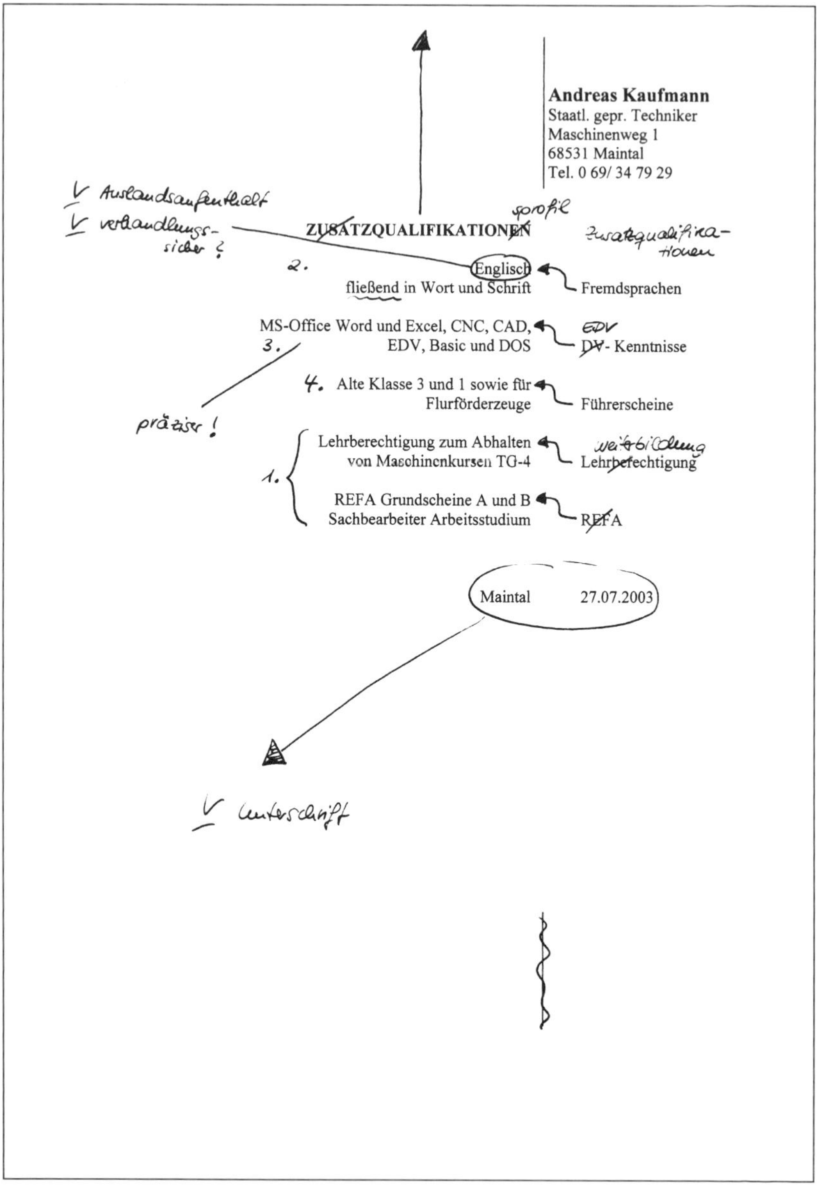

Andreas Kaufmann
Staatl. gepr. Techniker
Maschinenweg 1
68531 Maintal
Tel. 0 69/ 34 79 29

ZUSATZQUALIFIKATIONEN

Fremdsprachen	Englisch fließend in Wort und Schrift
DV- Kenntnisse	MS-Office Word und Excel, CNC, CAD, EDV, Basic und DOS
Führerscheine	Alte Klasse 3 und 1 sowie für Flurförderzeuge
Lehrberechtigung	Lehrberechtigung zum Abhalten von Maschinenkursen TG-4
REFA	REFA Grundscheine A und B Sachbearbeiter Arbeitsstudium

Maintal 27.07.2003

Überarbeitung Qualifikationsprofil

Im Gegensatz zur ersten Version arbeiten wir in Word von jetzt ab mit einer Tabellenform und ersparen uns somit das mühsame Formatieren mit endlos vielen Tabulatoren. Das hat den Vorteil, dass die grafische und ästhetische Einteilung der Seiten wesentlich vereinfacht und die Formatierung einheitlich wird. Hinzu kommt, dass wir den Adressblock in eine Kopfzeile gesetzt haben, die je nach Seite unterschiedliche Überschriften erhält. Letzteres benötigt leider mehr als reine Anwenderkenntnisse im Word. Nach der Kopfzeile fügen wir symmetrisch eine Fußzeile hinzu, in der wir seine Handynummer und seine E-Mail-Adresse einsetzen, sodass der Leser auf jeder Seite sofort eine Kontaktmöglichkeit findet. Die Schriftgröße haben wir von 12 auf 10 Punkt im Text reduziert. Die Schriftgröße unterliegt ganz allein Ihrem Geschmack, es muss gefallen!

Kommentar zur Einleitungsseite und zum Deckblatt: Die Einleitungsseite, auf der lediglich der Adresskopf mit durchgezogener Linie zu sehen ist, und das individuelle Ansprechen des Unternehmens halten wir für überflüssig. Die individuelle Ansprache des Unternehmens haben wir auf das Deckblatt übernommen und haben es daraufhin grafisch neu eingeteilt.

Der Querstrich entfällt, und die persönlichen Daten werden in lockerer Form unter das Bild gesetzt. Die untere eingefügte Längslinie muss der Fußzeile weichen. Für das Bildformat empfehlen wir grundsätzlich keine eingescannten Bilder, sondern Originale im Bewerbungsfotoformat.

Kommentar zum gesamten Lebenslauf: Auf der ersten Lebenslaufseite fällt die schlechte Datumszuordnung auf. Das Datum wird auf die Höhe der jeweiligen beruflichen Stationen verschoben, und sofort erhalten wir eine klare Zuordnung. **Curriculum Vitae** haben wir in die Kopfzeile gesetzt. Aus Berufspraxis wird **Berufliche Entwicklung**, wobei uns die Anordnung der Überschriften (rechte Spalte) von Anfang an überzeugt. Wir haben Herrn Kaufmann vorgeschlagen, nur die drei letzten Tätigkeiten auf dieser Seite zusammenzustellen, um diese in der Vordergrund zu stellen. Das gelingt uns jedoch erst beim Überarbeiten der Tätigkeiten und Positionen.

Auf der nächsten Seite erkennen wir einen chronologischen Fehler, sodass wir die Chronologie im Absatz Berufsausbildung der Chronologie Berufliche Entwicklung angleichen. Letztes wiederum an erster Stelle, so wird die chronologische Abfolge einheitlich und in sich stimmig. Außerdem wird aus Gewebeschule Gewerbeschule – orthografische Fehler sollten unter allen Umständen vermieden werden, auch wenn es sich um so genannte Tippfehler handelt. Die Schulbildung gliedern wir aus der Überschrift Ausbildung heraus. Ausbildung wird durch den Begriff **Berufsausbildung** ersetzt, und eine neue Überschrift **Schulausbildung** wird in die rechte Spalte hinzugefügt. Am Ende dieser Seite fügen wir Datum und Ort ein, die Unterschrift erfolgt von Hand.

Kommentar zum Qualifikationsprofil: Aus der Seite Zusatzqualifikationen entwickeln wir ein Qualifikationsprofil. Der Begriff Zusatzqualifikation wandert analog zu den bisherigen Überschriften auf die rechte Seite. Die Reihenfolge und die Begrifflichkeiten werden entsprechend ihrer Bedeutung angeordnet und präzisiert. Die EDV-Kenntnisse haben wir nach MS Office, Betriebssystemen und CAD-Kenntnissen sortiert. Unserer Meinung nach sind die aufgeführten Betriebssysteme etwas veraltet. Wir haben Sie dennoch berücksichtigt, um zu zeigen, dass Herr Kaufmann sich mit der EDV-Entwicklung auseinander gesetzt hat. Datum und Ort haben wir wie auf dem Lebenslauf angeordnet.

Überarbeitung des Zwischenergebnisses

Anschließend folgt die nächste Überarbeitung der Bewerbungsunterlagen mit den jeweiligen Kommentaren.

Andreas Kaufmann
Staatl. gepr. Techniker
Maschinenweg 1
68531 Maintal

BEWERBUNG

als Montageleiter bei der Firma
Kenngott International GmbH & Co. KG

Abstand etwas größer

Geboren am 20.01.1968
in Mannheim
ledig

Überarbeitung der verbesserten Version: Deckblatt

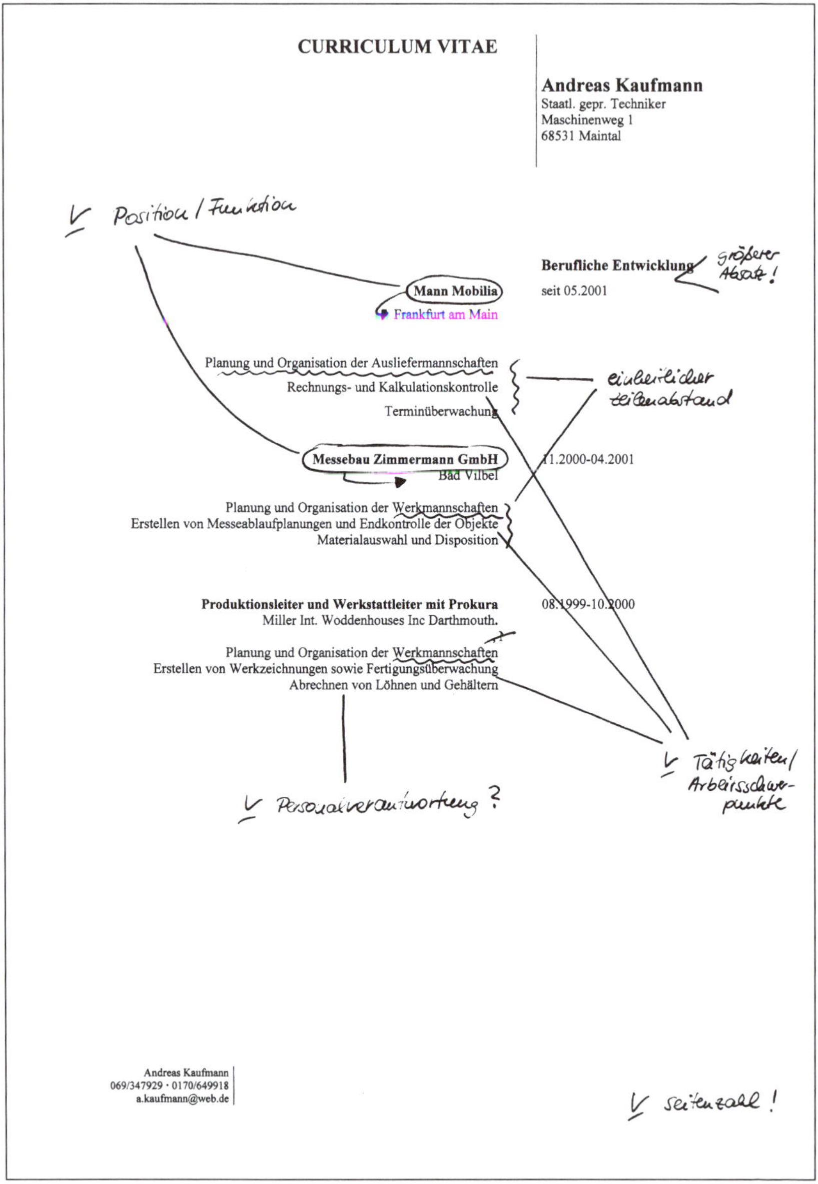

CURRICULUM VITAE

Andreas Kaufmann
Staatl. gepr. Techniker
Maschinenweg 1
68531 Maintal

Berufliche Entwicklung

Mann Mobilia — seit 05.2001
Frankfurt am Main

Planung und Organisation der Ausliefermannschaften
Rechnungs- und Kalkulationskontrolle
Terminüberwachung

Messebau Zimmermann GmbH — 11.2000-04.2001
Bad Vilbel

Planung und Organisation der Werkmannschaften
Erstellen von Messeablaufplanungen und Endkontrolle der Objekte
Materialauswahl und Disposition

Produktionsleiter und Werkstattleiter mit Prokura — 08.1999-10.2000
Miller Int. Woddenhouses Inc Darthmouth.

Planung und Organisation der Werkmannschaften
Erstellen von Werkzeichnungen sowie Fertigungsüberwachung
Abrechnen von Löhnen und Gehältern

Andreas Kaufmann
069/347929 · 0170/649918
a.kaufmann@web.de

Überarbeitung der verbesserten Version: Lebenslauf Seite 1

CURRICULUM VITAE

Andreas Kaufmann
Staatl. gepr. Techniker
Maschinenweg 1
68531 Maintal

Oberwerkmeister JVA, Dieburg Anleitung und Ausbildung der Lehrlinge Organisation und Durchführen von Maschinenkursen Kontrolle und Wartung des Maschinenparks	08.1995-08.1999
Gesellenzeit in verschiedenen Tischlereien Rhein-Main Gebiet Alle üblichen Tischlerarbeiten der Bau- und Möbeltischlerei	10.1986-06.1992
	Berufsausbildung
Studium zum Betriebswirt des Handwerks Akademie des Handwerks, Frankfurt am Main Abschluss: Staatl. anerkannter Betriebswirt d. H.	08-1998-04.2001
Studium zum Holztechniker Fachschule für Holz, Michelstadt Abschluss: Staatl. gepr. Techniker, Fachrichtung Holztechnik Erwerb der mittleren Reife	08.1993-07-1995
Ausbildung zum Tischlermeister Gewerbeschule Offenbach Abschluss: Tischlermeister	07.1992-07.1993
Ausbildung zum Tischler Tischlerei Strehl Neu-Isenburg Abschluss: Tischlergeselle	09.1983-09.1986
	Schulausbildung
Hilda Grund- und Hauptschule Neu-Isenburg Abschluss: Hauptschulabschluss	08.1974-08.1983

Maintal, 27.07.2003 Andreas Kaufmann

Andreas Kaufmann
069/347929 · 0170/649918
a.kaufmann@web.de

✓ Seitenzahl!

Überarbeitung der verbesserten Version: Lebenslauf Seite 2

QUALIFIKATIONSPROFIL

Andreas Kaufmann
Staatl. gepr. Techniker
Maschinenweg 1
68531 Maintal

Zusatzqualifikationen ← Abstand!

Weiterbildung	REFA Grundscheine A und B Sachbearbeiter Arbeitsstudium REFA
	Lehrberechtigung zum Abhalten von Maschinenkursen TG-4 Berufsgenossenschaft
Fremdsprachen	Verhandlungssicheres Englisch in Wort und Schrift 1,5 Jahre Auslandsaufenthalt in Kanada und den USA
EDV-Kenntnisse	MS-Word und Excel Betriebssysteme Windows und DOS CNC und CAD
Führerscheine	Alte Klasse 3 und 1 sowie Flurförderzeuge

Maintal, 27.07.2003

✓ Anlageverzeichnis!
neue Seite?

Andreas Kaufmann

Andreas Kaufmann
069/347929 · 0170/649918
a.kaufmann@web.de

✓ Seitenzahl!

Überarbeitung der verbesserten Version: Qualifikationsprofil

Kommentar zum Deckblatt: Am Titelblatt dieser Fassung haben wir bei einem erneuten Korrekturdurchlauf lediglich den Abstand zwischen direkter Ansprache der Firma und Bewerbungsfoto etwas vergrößert, um eine schönere grafische Gestaltung zu erreichen.

Kommentar zum gesamten Lebenslauf: Bevor wir uns der inhaltlichen Überarbeitung von Seite zwei widmen, haben wir eine Seitennummerierung rechtsbündig in die Fußzeile eingefügt. Bei der inhaltlichen Korrektur haben wir großen Wert auf die Position und Funktion gelegt. »Irgendeine« Tätigkeit bei Mann Mobilia haben wir in die Position **Leiter der Reklamationsabteilung** umformuliert. Wir sind nach dem Schema **Position** in Fettdruck und darunter Firma und Ort vorgegangen, wobei man hier eine unbekannte Firma durchaus auch kurz darstellen kann. Das kurze Firmenprofil haben wir uns bei Herrn Kaufmann gespart und haben uns intensiv der Beschreibung seiner Tätigkeiten gewidmet. Hierbei sind Arbeitszeugnisse immer hilfreich, um sowohl Position/Funktion als auch Tätigkeiten und Aufgabengebiete in den Lebenslauf zu integrieren. Das Durcharbeiten der Zeugnisse hat diese Seite des Lebenslaufs entscheidend verändert, und sie bringt jetzt zum Ausdruck, was Herr Kaufmann tatsächlich geleistet hat. An dieser Stelle haben Sie auch die Möglichkeit, Tätigkeiten und Aufgaben, die Sie sehr wohl in Ihrer Berufspraxis ausgeführt haben, aufzuführen, insbesondere wenn diese in Ihrem Zeugnis nicht berücksichtigt worden sind. Formulieren Sie kurz, bündig und aussagekräftig. Vergessen Sie nicht Aufgaben und Tätigkeiten, die Ihre Position und Funktion bestätigen, wie zum Beispiel Personal- oder Budgetverantwortung.

Nachdem wir die Tätigkeiten eingefügt haben, nahmen wir noch leichte Korrekturen an dem optischen Erscheinungsbild vor. Die Formatierung im ersten Tätigkeitsblock haben wir den anderen Tätigkeitsblöcken angepasst. Unter der Überschrift **Berufliche Entwicklung** haben wir den Absatz etwas vergrößert, um den Textblock auf der Seite schöner zu platzieren.

Auf der Seite drei haben wir nur geringfügige Veränderungen vorgenommen, wie das Einfügen des Kommas nach JVA und der Umformulierung der Überschrift Schulausbildung in Schulbildung. Letzteres ist korrekt.

Die Abstände nach den Überschriften sind der Seite zwei angeglichen worden – Einheitlichkeit ist ein grafisches Stilmittel, das auf Seriosität und nicht Verspieltheit abzielt. Darüber hinaus erhält Ihre Bewerbung Ihren Stil und Geschmack.

Kommentar zum Qualifikationsprofil: Im Qualifikationsprofil haben wir außer der grafischen Vereinheitlichung keine Verbesserungen vorgenommen. Bei der Durchsicht der Bewerbungsunterlagen von Herrn Kaufmann ist uns aufgefallen, dass ein Anlageverzeichnis aufgrund der Fülle der Zeugnissen und Bestätigungen sinnvoll erscheint. Dies ist eine geeignete Möglichkeit, um Wichtiges hervorzuheben. Dabei ist darauf zu achten, dass, wie im Beispiel von Herrn Kaufmann, das Anlagenverzeichnis sich im gleichen Design präsentiert.

Das Endergebnis

Anschließend folgt die endgültige Version. Am Beispiel von Herrn Kaufmann kann man sehr schön die Entwicklung von der ersten Fassung bis zur letzten Fassung sehen, und es zeigt, dass Bewerben ein Prozess ist, der mit vielen Mühen verbunden ist. Aber wie man sieht: Es lohnt sich. Beurteilen Sie selbst.

Andreas Kaufmann
Staatl. gepr. Techniker
Maschinenweg 1
68531 Maintal

BEWERBUNG

als Montageleiter bei der Firma
Kenngott International GmbH & Co. KG

Geboren am 20.01.1968
in Mannheim
ledig

Andreas Kaufmann
069/347929 · 0170/649918
a.kaufmann@web.de

Endgültige Version: Deckblatt

CURRICULUM VITAE

Andreas Kaufmann
Staatl. gepr. Techniker
Maschinenweg 1
68531 Maintal

Berufliche Entwicklung

Leiter der Reklamationsabteilung — seit 05.2001
Mann Mobilia, Frankfurt am Main

Komplette Abwicklung aller Reklamationen
Annahme, Bestellung und Überwachung des Wareneingangs
Werkstattleitung
Personalverantwortung für Monteure, Aushilfen und Praktikanten
Rechnungs- und Kalkulationskontrolle
Terminüberwachung

Schreinermeister — 11.2000-04.2001
Messebau Zimmermann GmbH, Bad Vilbel

Planung und Organisation der Monteure
Erstellen von Messeablaufplanungen
Endkontrolle der Objekte
Materialauswahl und Disposition

Produktionsleiter und Werkstattleiter mit Prokura — 08.1999-10.2000
Miller Int. Woddenhouses Inc., Darthmouth, N.B., Kanada

Eigenverantwortliche Produktions- und Werkstattleitung
Projektplanung und Durchführung von Einfamilienhäusern
Materialeinkauf und Preisverhandlung mit Zulieferern
Logistische Abwicklung incl. Zollabwicklung ins europäische Ausland
Erstellung aller Werkpläne und Details
Planung und Konzeptionierung des Innenausbaus
Personalverantwortung für acht Mitarbeiter
Unterweisen und Einarbeiten der Mitarbeiter
Lohn- und Gehaltsabrechnung

Andreas Kaufmann
069/347929 · 0170/649918
a.kaufmann@web.de

2

Endgültige Version: Lebenslauf Seite 1

CURRICULUM VITAE

Andreas Kaufmann
Staatl. gepr. Techniker
Maschinenweg 1
68531 Maintal

Oberwerkmeister — 08.1995-08.1999
JVA, Dieburg

Anleitung und Ausbildung der Lehrlinge
Organisation und Durchführen von Maschinenkursen
Kontrolle und Wartung des Maschinenparks

Gesellenzeit in verschiedenen Tischlereien — 10.1986-06.1992
Rhein-Main Gebiet

Alle üblichen Tischlerarbeiten der Bau- und Möbeltischlerei

Berufsausbildung

Studium zum Betriebswirt des Handwerks — 08-1998-04.2001
Akademie des Handwerks, Frankfurt am Main

Abschluss: Staatl. anerkannter Betriebswirt d. H.

Studium zum Holztechniker — 08.1993-07-1995
Fachschule für Holz, Michelstadt

Abschluss: Staatl. gepr. Techniker,
Fachrichtung Holztechnik
Erwerb der mittleren Reife

Ausbildung zum Tischlermeister — 07.1992-07.1993
Gewerbeschule Offenbach

Abschluss: Tischlermeister

Ausbildung zum Tischler — 09.1983-09.1986
Tischlerei Strehl, Neu-Isenburg

Abschluss: Tischlergeselle

Schulbildung

Pestalozzi Grund- und Hauptschule — 08.1974-08.1983
Neu-Isenburg

Abschluss: Hauptschulabschluss

Maintal, 27.07.2003

Andreas Kaufmann
069/347929 · 0170/649918
a.kaufmann@web.de

3

Endgültige Version: Lebenslauf Seite 2

QUALIFIKATIONSPROFIL

Andreas Kaufmann
Staatl. gepr. Techniker
Maschinenweg 1
68531 Maintal

Zusatzqualifikationen

REFA Grundscheine A und B Sachbearbeiter Arbeitsstudium REFA	Weiterbildung
Lehrberechtigung zum Abhalten von Maschinenkursen TG-4 Berufsgenossenschaft	
Verhandlungssicheres Englisch in Wort und Schrift 1,5 Jahre Auslandsaufenthalt in Kanada und den USA	Fremdsprachen
MS-Word und Excel Betriebssysteme Windows und DOS CNC und CAD	EDV-Kenntnisse
Alte Klasse 3 und 1 sowie Flurförderzeuge	Führerscheine

Maintal, 27.07.2003 Andreas Kaufmann

Andreas Kaufmann
069/347929 · 0170/649918
a.kaufmann@web.de

4

Endgültige Version: Qualifikationsprofil

ANLAGEN

Andreas Kaufmann
Staatl. gepr. Techniker
Maschinenweg 1
68531 Maintal

Anlagenverzeichnis

Arbeitszeugnis Mann Mobilia

Arbeitszeugnis Miller Int. Woddenhouses

Abschlusszeugnis Technikerschule

Abschlusszeugnis Betriebswirtschaft

Meisterbrief

Berufsgenossenschaftliche Ausbildungsbescheinigung

REFA- Sachbearbeiter

Andreas Kaufmann
069/347929 · 0170/649918
a.kaufmann@web.de

5

Endgültige Version: Anlagen

Abschließender Gesamtkommentar: Herr Kaufmann ist ein Vollblut-Schreiner, das ist aus den vorliegenden Unterlagen zu entnehmen. Es ist aus unserer Sicht zu überlegen, ob man seine Verbundenheit mit Holz über das durchgängige Platzieren eines dünnen Furniers in den Bewerbungsunterlagen zum Ausdruck bringt. Natürlich ist zu beachten, dass das mit viel Aufwand verbunden ist.

Das positive Erscheinungsbild der Bewerbung ist von weiteren Faktoren abhängig. So hat Herr Kaufmann von einem einfachen Clipordner auf eine dreiteillige Bewerbungsmappe umgestellt. Die Verwendung von 100-Gramm-Papier rundete den optischen und haptischen Eindruck ab.

Das Ergebnis dieser Veränderungen bewirkte, dass Herr Kaufmann bei drei verschickten überarbeiteten Bewerbungen zu zwei Vorstellungsgesprächen eingeladen wurde und seinen Traumjob erhielt. Die nicht überarbeitete Fassung blieb erfolglos.

Weitere kommentierte Beispiele stehen im Internet zum Download unter **www.komquadrat.de, www.einzigartig-bewerben.de** oder **www.beltz.de/buecher/einzigartig-bewerben.htm** zur Verfügung.

Die Unternehmenssicht

Die Bewerbung aus der Sicht des Unternehmens

Das Ziel der Personalauswahl ist es, die Eignung der Bewerber entsprechend den Anforderungen der zu besetzenden Stellen festzustellen. Abgesehen von der wirtschaftlichen Bedeutung der Personalauswahl und des Personaleinsatzes gibt es auch Auswirkungen auf die Mitarbeiter. Fehlbesetzungen können Unterforderung oder Überforderung zur Folge haben. Zudem kommen noch Unzufriedenheit und Spannungen in der Zusammenarbeit mit Kollegen und Mitarbeitern dazu. Dies führt wiederum zu Rückwirkungen auf die Leistungsfähigkeit des Einzelnen oder der Arbeitsgruppe. Hohe Krankenstände und Fluktuation sind oft Ausdruck und Folge einer fehlerhaften Bewerberauswahl.

Die Personalauswahl beruht auf dem Vergleich des Anforderungsprofils der Stelle mit dem Leistungsprofil des Bewerbers. Auf Grund der meist vorhandenen Stellenbeschreibung lässt sich das gewünschte Anforderungsprofil relativ leicht festlegen. Schwieriger wird es bei der Überprüfung des Leistungsprofils. Das Unternehmen sucht nicht den absolut besten Bewerber, sondern den, der für die ausgeschriebene Stelle am besten geeignet ist.

Der Recruiting-Prozess

Erster Schritt: Ausgangspunkt der Personalplanung sind der zukünftige Personalbestand und der zukünftige Personalbedarf, der aus dem zukünftigen Stellenbestand vorhergesagt werden kann. Wenn die Höhe des Personaldefizits beziehungsweise die Höhe des Personalüberhangs bekannt ist, können Beschaffungs- oder Freisetzungsmaßnahmen, also die Personalveränderung, geplant werden.

Für die neu einzustellenden Mitarbeiter und für den Personalstamm sollte nun eine detaillierte Personaleinsatzplanung durchgeführt werden.

Zweiter Schritt: Da die Personalauswahl immer anforderungsspezifisch erfolgen sollte, kann es notwendig sein, für zu besetzende Stellen oder wenn Stellen neu geschaffen werden, das Anforderungsprofil neu zu erstellen. Zu diesem Zweck wird eine Arbeitsanalyse angefertigt. Die Arbeitsanalyse kann intuitiv, also auf umfangreicher Berufserfahrung oder Expertenwissen basierend, über vorhandene Berufsprofile und mit standardisierten Analyseverfahren durchgeführt werden. Sie dient der genauen und differenzierten Feststellung der beruflichen Anforderungen, denen der Arbeitnehmer beziehungsweise der zukünftige Stelleninhaber genügen muss.

In den meisten Fällen existieren in mittelständischen und Großunternehmen jedoch Stellenbeschreibungen. Die Stellenbeschreibung enthält die Bezeichnung der Stelle, deren organisatorische Einordnung, die Aufgaben, Befugnisse und die Verantwortung des Stelleninhabers sowie die Anforderungen, denen dieser genügen muss. Sie enthält wichtige Informationen für fast jede Aufgabe innerhalb des Personalmanagements. Es ist allerdings zu prüfen, ob sich die verfügbare Stellenbeschreibung auf das aktuelle Aufgabenspektrum bezieht. Das ist notwendig, da Berufsbilder und Stellen ständigen Änderungen unterworfen sind. Zum Beispiel muss eine Sekretärin heute kaum mehr stenografieren; sie muss aber mit modernen Informations- und Kommunikationstechnologien effizient arbeiten können.

Dritter Schritt: Aus den Anforderungen und Stellenaufgaben werden die Eignungsmerkmale abgeleitet, denen der Mitarbeiter genügen sollte. Zum Beispiel Erfahrungen, Ausbildung, Fähigkeiten und Kenntnisse. Je besser Anforderungen und Eignung des Bewerbers übereinstimmen, desto größer ist die Wahrscheinlichkeit des Berufserfolgs.

Vierter Schritt: Das Unternehmen kann jetzt die Personalbeschaffung planen. Das bedeutet, dass nun festgelegt wird, auf welchem Wege die zukünftigen Mitarbeiter akquiriert werden (vgl. »Bewerbungsstrategien« s. S. 30ff.). Dies beinhaltet auch die Entscheidung, ob ein Personalberater eingeschaltet wird.

Fünfter Schritt: Nun können die einzusetzenden Auswahlverfahren ausgesucht werden, mit denen die vorher festgelegten Eignungsmerkmale am besten diagnostiziert werden können. Zum Teil müssen die Auswahlinstrumente neu konstruiert werden, da für sehr spezifische Anforderungen häufig kein geeignetes Verfahren verfügbar ist. Auch wenn es sich um einen »Routineauswahlprozess« handeln sollte, sollte sichergestellt werden, dass die zu Grunde gelegten Anforderungen und Eignungsmerkmale noch stimmen. In jedem Fall müssen die eingesetzten Verfahren eine gute Vorhersagegüte haben.

Sechster Schritt: Vor allem für komplizierte Auswahlverfahren wie Vorstellungsgespräch oder Assessment-Center sollte festgelegt werden, welche Auswahlkriterien von den Personalentscheidern zu beachten sind. Dadurch kann eine relative Einheitlichkeit der Personalauswahl gewährleistet werden.

Siebter Schritt: Den letzten Schritt des eigentlichen Auswahlprozesses bildet die Planung, Organisation und Durchführung der Personalauswahl. Um für alle Bewerber eine möglichst große Chancengleichheit und für das durchführende Unternehmen eine hohe Vergleichbarkeit und Korrektheit zu gewährleisten, sollte ein hoher Grad an Standardisierung und Objektivität eingehalten werden.

Achter Schritt: Konzeption des Arbeitsvertrages. Dieser sollte zum Beispiel die beiden Vertragspartner, den Vertragsbeginn, eine möglichst detaillierte Beschreibung der Arbeitstätigkeit, die Leistungen des Arbeitgebers und die Pflichten des Arbeitnehmers enthalten.

Alle weiteren Schritte gehen danach in die Personalbetreuung und -verwaltung über und gehören somit nicht mehr zum Recruiting-Prozess. Den Prozess des Recruiting haben wir an dieser Stelle kurz dargestellt, um Ihnen die generelle Vorgehensweise der Unternehmen zu veranschaulichen. So können Sie besser einschätzen, welche Prozesse im Vorfeld Ihrer Bewerbung und nach dem Bewerbungseingang im Unternehmen ablaufen.

Auswahlverfahren

Analyse der Bewerbungsunterlagen

Die gebräuchlichste Methode der Personalauswahl besteht in der Analyse der Bewerbungsunterlagen. Eventuell sind zusammen mit dem Betriebsrat Auswahlrichtlinien erarbeitet worden, sodass ein standardisierter Auswertungsbogen vorliegt. Bei der Analyse der Bewerbungsunterlagen wird häufig die so genannte 3-Stapel-Methode angewandt. Auf den ersten und größten Stapel kommen die Bewerbungen, die sofort mit einer Absage zurückgeschickt werden. Auf dem zweiten, schon sehr viel kleineren Stapel landen die Bewerbungen, die quasi als Reserve einen Zwischenbescheid erhalten. Auf den letzten und kleinsten Stapel werden die Bewerbungen gelegt, die so interessant sind, dass die Bewerber zu einem Vorstellungsgespräch eingeladen werden.

Fragen Sie sich: Auf welchen Stapel würden Sie Ihre Bewerbung legen? Nehmen Sie die Rolle eines Personalchefs ein. Gehen Sie durchaus kritisch mit Ihren Unterlagen um. Für das Durcharbeiten können Sie die Checkliste auf der nächsten Seite zu den wichtigsten Auswahlkriterien zu Rate ziehen.

Personalfragebogen

Der Personalfragebogen soll die aus der Sicht des Unternehmens wichtigen persönlichen und beruflichen Daten des Bewerbers in systematischer und in einfach auswertbarer Form darstellen. Er enthält unter anderem wesentliche Teile des Lebenslaufes. Der Inhalt orientiert sich an den Erfordernissen des Unternehmens. Da der Informationsbedarf bei Bewerbern für unterschiedliche Hierarchieebenen verschieden ist, werden manchmal spezielle Fragebögen für die ver-

Checkliste: Überblick über die wichtigsten Kriterien bei der Analyse der Bewerbungsunterlagen

Bewerbungsschreiben

- Ordentliches Aussehen, klare Gliederung
- Fehlerfreiheit, Flüssigkeit, Stil, Satzlänge, Satzbau, Satzverbindungen, Wortschatz etc.
- Bewerbungsgründe
- Qualifikationen des Bewerbers (Fähigkeiten, Wissen, Erfahrungen)
- Bezug zur Stellenanzeige
- Unternehmenskenntnisse

Lebenslauf

- Ordentliche Gestaltung
- Übereinstimmung mit den Zeugnissen
- Fachliche und persönliche Qualifikationen und Erfahrungen
- Vollständigkeit, Lückenlosigkeit
- Dauer der Arbeitsverhältnisse, Häufigkeit von Arbeitsplatzwechseln
- Positions- und Branchenanalyse
- Weiterbildung
- Bewerbungsfoto

Arbeitszeugnisse

- Dauer der Tätigkeiten
- Gründe und Termine des Ausscheidens
- Inhalte der Tätigkeiten
- Leistungen
- Beurteilungen von Führung und Zusammenarbeit
- Verschweigen oder Hervorheben von Zeugnisinhalten

schiedenen Gruppen verwendet. Personalfragebögen dienen dazu, die Angaben der Bewerber zu standardisieren und dadurch vergleichbarer zu machen. Dadurch ist eine Selektion leichter und schneller möglich. Bewerber sollten genau wie später auch im Vorstellungsgespräch auf zulässige und unzulässige Fragen achten.

Firmenlogo

Personalfragebogen

Persönliche Daten

Name ____________ Vorname ____________

Geburtsdatum ____________ Geburtsname ____________

Geburtsort ____________ Staatsangehörigkeit ____________

Foto

Anschrift (Straße, Nr., PLZ, Ort) ____________

Telefon ____________ Mobil ____________

E-Mail ____________

Bewerbung auf die Stellenanzeige in ____________ vom ______ Position ____________

Ich interessiere mich für folgende(s) Aufgabengebiet(e):

____

____

____

Die Daten des Personalfragebogens dienen nach erfolgter Einstellung der Datenerfassung und bilden u.a. die Grundlage für spätere Weiterbildungsmaßnahmen.

Beispiel für einen Personalfragebogen, Seite 1

Höchster erreichter Schulabschluss	Datum (Monat/Jahr)

Berufsausbildung als (z.B. Bürokauffrau, Elektriker etc.)	Abschluss		Von ... bis (Monat/Jahr)
	☐ ja	☐ nein	
	☐ ja	☐ nein	
	☐ ja	☐ nein	

Abgeschlossenes Studium				
☐ Universität	☐ Fachhochschule	☐ Berufsakademie	☐ Sonstige ...	
Ihre Studienschwerpunkte:				Von ... bis (Monat/Jahr)
Thema Ihrer Diplomarbeit:				

Promotion/Habilitation			Von ... bis (Monat/Jahr)
Thema Ihrer	☐ Promotion	☐ Habilitation	

Praktika		
Arbeitgeber	Tätigkeit	Von ... bis (Monat/Jahr)

Beruflicher Werdegang		
Arbeitgeber	Tätigkeit	Von ... bis (Monat/Jahr)

Zusatzqualifikationen (z.B. Bilanzbuchhalterin/ Ausbildereignungsprüfung)	Abschluss (Monat/Jahr)

Sprachkenntnisse	fließend	gut	Grundkenntnisse	gering
Englisch	☐	☐	☐	☐
Französisch	☐	☐	☐	☐
	☐	☐	☐	☐
	☐	☐	☐	☐

Beispiel für einen Personalfragebogen, Seite 2

Auslandsaufenthalte		
Ort/Land	Zweck	Von..bis (Monat/Jahr)

IT-Kenntnisse (mit Version)
Officeprogramme:
Programmiersprachen:
Datenbanksysteme:
Betriebssysteme:
SAP:
Sonstige:

Sonstige persönliche Angaben			
Besitzen Sie einen Führerschein?	☐ ja	☐ nein	Klasse:
Haben Sie Ihren Wehr-/Zivildienst abgeleistet?	☐ ja	☐ nein	
Sind Sie freigestellt?	☐ ja	☐ nein	
Besteht ein Invaliditäts-/ Behinderungsgrad?	☐ ja	☐ nein	%-Invalidität:
Art der Behinderung:			
Haben Sie sich schon einmal bei uns beworben?	☐ ja	☐ nein	falls ja, wann:
Für welche Abteilung?	☐ ja	☐ nein	
Waren Sie schon einmal bei uns beschäftigt?	☐ ja	☐ nein	falls ja, von ... bis:
In welcher Abteilung?			

Eintrittskonditionen		
Ist Ihr derzeitiges Arbeitsverhältnis ungekündigt?	☐ ja	☐ nein
Falls nein, Beendigungstermin:		
Derzeitige Kündigungsfrist:		
Frühestmöglicher Eintrittstermin:		
Haben Sie eine entgeltliche Nebenbeschäftigung?	☐ ja	☐ nein
Derzeitiges Gesamtjahreseinkommen:		
Davon variables Einkommen:		
Steht Ihnen derzeit ein Firmenwagen zur privaten Nutzung zur Verfügung?	☐ ja	☐ nein
Ihre Gehaltsvorstellung (Jahreseinkommen):		
Wie sind Sie auf unsere Firma aufmerksam geworden?		

Ich versichere, dass meine Angaben der Wahrheit entsprechen. Mit der Speicherung und Verarbeitung meiner Daten unter Wahrung des Bundesdatenschutzgesetzes bin ich einverstanden.

Ort, Datum

Unterschrift

Beispiel für einen Personalfragebogen, Seite 3

Telefoninterview

Während Bewerber nach dem Versand ihrer Bewerbungsunterlagen auf eine positive Reaktion der angeschriebenen Unternehmen warten, ist kaum ein Bewerber darauf vorbereitet, von einem Personalreferenten zu Hause angerufen zu werden. Viele Personalchefs haben für Bewerbungsgespräche nur ein begrenztes Zeitbudget und wollen oder können nur den wichtigsten Teil der Vorstellungsgespräche wahrnehmen. Mehr und mehr setzt es sich deshalb durch, vorab ein Telefoninterview zu führen. Erst dann, wenn der Bewerber in diesem Telefoninterview einen positiven Eindruck hinterlassen hat, wird er zu einem persönlichen Gespräch eingeladen.

Zunächst sollte der Bewerber die Vorgehensweise kennen, um sich dann entsprechend auf ein solches Telefoninterview einzustellen. Die Besonderheit besteht darin, dass das Telefoninterview im Regelfall von einem Assistenten oder Referenten des eigentlichen Entscheidungsträgers geführt wird, der dann Bericht erstattet, ob ein telefonisch interviewter Kandidat generell für das weitere Bewerbungsverfahren in Betracht kommt oder nicht. Kommt es daraufhin zu einem persönlichen Gespräch, so läuft dieses oft kurz ab und konzentriert sich allein auf die Frage, welchen Nutzen der Bewerber dem Unternehmen bringt. Die Fachkompetenz des Bewerbers steht dann nicht mehr auf dem Prüfstand. Durch dieses Verfahren kann ein Personalentscheider viel Zeit gewinnen, denn die wichtigsten Informationen sind aus den Unterlagen und aus dem Bericht des Vorab-Telefoninterviews bereits ersichtlich.

Tipp: Bereiten Sie sich auf die Möglichkeit eines Telefoninterviews vor. Stellen Sie sich inhaltlich auf ein solches Interview ein, so kann sich der Anrufer von Ihrer Kompetenz und Seriosität überzeugen. Lächeln am Telefon lässt Sie sympathisch wirken. Setzen Sie Ihre Stimme wirkungsvoll ein (vgl. »Mit der Stimme überzeugen« s. S. 202f.). Je professioneller Sie dieses Gespräch führen, umso höher ist die Chance, zu einem persönlichen Gespräch eingeladen zu werden.

Telefoninterviews haben Vor- und Nachteile sowohl für den Personalsuchenden als auch für den Bewerber. Wir haben diese für Sie in einer Übersicht zusammengefasst.

INFO

Vorteile für den Arbeitgeber

- Schnelle Information mit geringem Aufwand.
- Zeitersparnis, da die Vorselektion die Zahl der Bewerbungsgespräche minimiert.
- Ein erster Eindruck entsteht, insbesondere bei der Erstansprache.
- Das Telefonverhalten des Bewerbers kann beurteilt werden. Er muss schnell und flexibel reagieren. Das Telefoninterview kann als Arbeitsprobe betrachtet werden.

Nachteile für den Arbeitgeber

- Oft ist mehrmaliges Telefonieren nötig, bis der richtige Ansprechpartner am Hörer ist.
- Nicht immer kann ein authentisches Bild eines Bewerber entstehen.
- Das Unternehmen kann nur über das Telefon für sich werben, ohne dass der Kandidat sich einen persönlichen Eindruck bilden kann.
- Wie in allen Auswahlverfahren können beim Telefoninterview Auswahlfehler auftreten. Ein aussichtsreicher Bewerber beispielsweise wird von einem Anruf überrascht und ist der Situation nicht gewachsen. Er formuliert schlecht, ist zu nervös und scheitert kläglich, obwohl er die besten Voraussetzungen mitbringt.

Vorteile für den Bewerber

- Bei guter Vorbereitung ist ein professioneller Auftritt am Telefon ein Gewinner. Antworten Sie sachlich und prägnant.
- Geringer bis kein Aufwand in Bezug auf Zeit und Kosten.
- Unabhängig von Ihrem äußeren Erscheinungsbild können Sie mit verbalen Ausdrucksfaktoren (Stimme, Modulation) glänzen.
- Es besteht die Möglichkeit, selbst Fragen zur ausgeschriebenen Stelle und zum Unternehmen zu stellen.

Nachteile für den Bewerber

- Viele Bewerber rechnen nicht mit einem Anruf, oftmals sind weitere Familienmitglieder nicht informiert und reagieren verwundert. Das ergibt kein professionelles Bild des Bewerbers.
- Der Bewerber weiß nicht, wem er seine vertraulichen Informationen mitteilt.
- Es ist keine Vorbereitung möglich, da der Anruf unerwartet erfolgt.
- Der Anruf erfolgt nicht immer zu einem günstigen Zeitpunkt.

Das Vorstellungsgespräch

Im Vorstellungsgespräch lernen sich beide Seiten, das Unternehmen und der Bewerber, besser kennen. Im Gegensatz zu den schriftlichen Bewerbungsunterlagen ist es jetzt für den Interviewer möglich, auf die Situation zu reagieren. Das Ziel des Unternehmens ist es, den Bewerber kennen zu lernen, Informationen über ihn zu erhalten, seine Ziele und Wünsche zu erkunden, sein Eignungspotenzial zu analysieren und selbstverständlich auch selbst einen positiven Eindruck zu hinterlassen.

Um ein so komplexes System von Zielen erreichen zu können, ist eine gute Vorbereitung notwendig. Zumindest sollte organisiert werden, wer mit wem an dem Gespräch teilnimmt, wann und wo das Gespräch stattfindet. Zudem sollte der Interviewer die Bewerbungsunterlagen gelesen, seine Fragen ausgearbeitet und sich die Beurteilungskriterien bewusst gemacht haben. Außerdem sollte er sich auf mögliche Fragen des Bewerbers vorbereiten. Überdies ist die Frage der Kostenerstattung im Voraus zu klären. Anhand des Grades ihrer Strukturierung, der Teilnehmerzahl und des gewählten Interviewstils können verschiedene Arten von Vorstellungsgesprächen unterschieden werden, die je nach Zielsetzung des Unternehmens angewandt werden.

Arten von Vorstellungsgesprächen

Vorstellungsgespräche können nach dem Grad Ihrer Strukturierung unterschieden werden. Selten kommt es vor, dass sich ein Interviewer wörtlich an einen zuvor ausgearbeiteten Fragebogen hält. Die dadurch entstehende Unflexibilität kann den Vorteil der Standardisierung und damit der genauen Vergleichbarkeit aller Vorstellungsgespräche nicht kompensieren. Häufiger sind in der Praxis Leitfadeninterviews anzutreffen. In diesem Fall wird dem Gespräch ein Gesprächsleitfaden, der die wichtigsten Fragen und Gesprächsthemen skizziert, wie eine abzuarbeitende Checkliste zu Grunde gelegt. Ein Leitfaden ermöglicht dem Interviewer die Flexibilität, auf den Bewerber einzugehen. Er sorgt aber auch für eine weitgehende Vergleichbarkeit der einzelnen Gespräche. Es sollte also nicht vorkommen, dass ein Kandidat zu einem wichtigen Gesprächsthema gar nicht befragt wird. Völlig freie oder unstrukturierte Gespräche sind ebenfalls recht oft anzutreffen; vor allem dann, wenn es wichtig ist, sehr speziell auf jeden einzelnen Bewerber einzugehen. Aus Sicht des Bewerbers ist es schwer zu entscheiden, welche Form des Vorstellungsgesprächs in Bezug auf dessen Strukturiertheit optimal ist.

Ganz klar lässt sich diese Frage bezüglich des Interviewstils beantworten. Ein **harter Interviewstil** wird im Rahmen eines Stressinterviews praktiziert. Der Interviewer ist kurz angebunden, barsch und oft nicht sonderlich freundlich. Er unterbricht den Bewerber beim Antworten und bohrt an kritischen Stellen. Man könnte sagen, »er geht dahin, wo es wehtut«. Das Gegenteil davon ist der **weiche Interviewstil.** Der Bewerber wird freundlich und zuvorkommend behandelt. Man versucht nicht, ihn in die Bredouille zu bringen. Einen **neutralen Interviewstil** pflegt der Interviewer dann, wenn er weder freundlich noch kritisch, sondern sachlich und geradezu gleichgültig ist. Dem Bewerber fehlt dadurch ein wichtiges Feedback auf seine Antworten. Besonders schwierig wird ein Vorstellungsgespräch für den Bewerber, wenn der Interviewer spontan zwischen den Gesprächsstilen hin und her wechselt.

Vorstellungsgespräche unterscheiden sich auch darin, wie viele Interviewer gleichzeitig zugegen sind. In der Praxis sieht sich der Bewerber zumeist einem Gesprächspartner gegenüber, der aus dem Personal- oder dem Fachbereich kommen kann. Bei dieser Form des Vorstellungsgespräches werden oft mehrere Gesprächsrunden an einem oder mehreren Tagen veranstaltet. Beispielsweise wird in einem ersten Gespräch im Personalbereich die grundsätzliche Eignung des Bewerbers festgestellt, während der Fachvorgesetzte in einem weiteren Gespräch spezielle Fachfragen stellt und prüft, ob der Bewerber in sein Team passt. Aus Zeitgründen können auch mehr als ein Interviewer gleichzeitig an einem Gespräch teilnehmen. Außer einem Mitarbeiter aus der Personalabteilung und dem Fachvorgesetzten könnten das zukünftige Kollegen oder ein Betriebsratsmitglied sein. Ein solches Mehrpersonengespräch sollte im Voraus gut koordiniert werden. Aus Sicht des Bewerbers ist es in der Regel unangenehmer, sich mehreren »Inquisitoren« gegenüberzusehen, vor allem dann, wenn diese einen harten Gesprächsstil praktizieren.

Für Ihre Gesprächsvorbereitung ist es wichtig, sich die einzelnen Gesprächsphasen zu vergegenwärtigen. Versetzen Sie sich in die Lage des Personalentscheiders und überlegen Sie sich, welche K.o.-Kriterien Sie anlegen würden. Personalentscheider gliedern Vorstellungsgespräche bewusst oder unbewusst in verschiedene Phasen.

Je nachdem, wann und mit wem ein Gespräch stattfindet, werden Phasen ausgespart oder vertauscht. Viele der Fragen in einem Vorstellungsgespräch sind aber zumindest inhaltlich vorhersehbar. Deshalb können Sie sich gut auf diese vorbereiten.

Die Auswertung eines Vorstellungsgesprächs kann frei sein oder wie bei der Analyse der schriftlichen Bewerbungsunterlagen anhand eines speziellen systematischen Auswertungsbogens erfolgen. Der Bewertungsbogen basiert auf der Stellenbeschreibung. Wichtig ist, dass man sich um Objektivität bemüht und dass ein erster gewonnener Eindruck das Vorstellungsgespräch und seine Auswertung nicht beeinflusst. Standardisierte Auswertungsbogen, die grundlegende Beurteilungskriterien enthalten sollen, können dabei von großem Nutzen sein.

Verhaltenstipps für das erfolgreiche Auftreten im Vorstellungsgespräch

Positives Auftreten ist der Ausgangspunkt für alle Kommunikationsbereiche, in denen wir uns in der Öffentlichkeit präsentieren. Es ist somit der Schlüssel zum Erfolg, unerheblich ob es sich um Vorstellungsgespräche oder Präsentationen handelt. Die wichtigsten Aspekte, die Sie beim professionellen Auftreten beachten sollten, sind die Glaubwürdigkeit und Echtheit Ihrer Kommunikation. Dabei müssen Sie sich darüber im Klaren sein, dass jedes Verhalten von einem verbalen und einem nonverbalen Ausdruck gekennzeichnet ist. Nicht allein die Sprache, sondern auch die Gestik und die Mimik kennzeichnen das Auftreten. Diese Faktoren bestimmen Ihre Wirkung auf den Gesprächspartner und prägen dessen bleibenden positiven oder negativen Eindruck.

INFO

Phasen der Vorstellungsgespräche

- **Aufwärmphase.** Zuerst erfolgt die Begrüßung des Bewerbers. Man versucht, eine angenehme Atmosphäre zu schaffen. Zu diesem Zweck werden oft so genannte »Eisbrecherfragen« eingesetzt: »Wie haben Sie hergefunden?«
- **Besprechung der persönlichen Situation des Bewerbers.** Themen in dieser Gesprächsphase könnten das Elternhaus beziehungsweise die Herkunft des Bewerbers, Familie, Wohnort, Hobbys und seine Vorlieben und Aktivitäten sein.
- **Besprechung des Bildungsganges.** Hierzu gehören die schulische Entwicklung, die Ausbildung und/oder das Studium des Bewerbers und seine Weiterbildungsaktivitäten.
- **Besprechung der beruflichen Entwicklung.** In der Regel ist das die wichtigste und ausführlichste Gesprächsphase. Sie müssen auf Fragen zu allen Arbeitsstellen, Tätigkeiten und Projekten gefasst sein. Auch der vergangene und geplante berufliche Aufstieg, weitere Pläne und Ziele beruflicher und oft auch privater Natur sind Thema dieses Gesprächsteils.
- **Informationen über das Unternehmen und den Arbeitsplatz.** In dieser Phase nutzt der Unternehmensvertreter das Vorstellungsgespräch dazu, das Unternehmen zu präsentieren. Gesprächsgegenstand können wichtige Unternehmensdaten, die Unternehmensorganisation oder Informationen zu Abteilung und Arbeitsplatz sein.
- **Vertragsverhandlungen.** Diese Phase behandelt ein Thema, das für die meisten Bewerber ein heikles ist und guter Vorbereitung bedarf. Themen sind die Gehaltsvorstellungen und sonstige geldliche und geldwerte Leistungen des Arbeitgebers, aber auch die Probezeit, der Eintrittstermin, Arbeitszeiten, der Urlaub und Kündigungsfristen und -termine.
- **Gesprächsabschluss.** Zum Abschluss des Gespräches wird der Bewerber normalerweise über die weitere Vorgehensweise im Personalauswahlprozess informiert. Oft wird ihm auch versprochen, ihn kurzfristig zu benachrichtigen. Nach einem kurzen Smalltalk wird das Vorstellungsgespräch mit einem Dank für das Gespräch beendet.

Man spricht von einem Menschen mit Persönlichkeit, wenn dieser Ausstrahlung oder Präsenz besitzt. Auch wenn viele Gesprächspartner erst einmal gar nicht spüren, was diese Ausstrahlung ausmacht, so fordert die Rhetorik in diesem Zusammenhang »kongruentes

Verhalten« als entscheidende Basis für Präsenz. Was darunter zu verstehen ist, soll im Folgenden erläutert werden.

Kongruentes Verhalten nimmt eine Schlüsselstellung für glaubwürdiges und echtes Auftreten in einem Vorstellungsgespräch ein. Was aber heißt kongruentes Verhalten?

Die drei Elemente Körper (nonverbaler Ausdruck), verbaler Ausdruck (Stimme) und Inhalt sollen deckungsgleich sein, damit sich für den Gesprächspartner ein in sich stimmiges Bild einstellt. Passt eines dieser Elemente nicht zum anderen, werden Sie in Ihrem Auftreten unglaubwürdig. Dabei spielt es keine Rolle, welches dieser Elemente nicht zu den anderen passt. Immer wenn ein Element nicht passt, wird der Zuhörer einen unharmonischen Eindruck haben. Ihr Auftritt in einem Einstellungsgespräch verliert an Natürlichkeit und Authentizität.

Vermeiden Sie unter allen Umständen, ein anderer zu sein, als Sie es sind. Sie laufen Gefahr, ein schlechter Schauspieler zu sein. Seien Sie so, wie Sie sind, dann sind Sie am besten. Glauben Sie an sich, Ihre Fähigkeiten und Ihre Kompetenz. Akzeptieren Sie sich, und Sie werden in Höchstform auflaufen. Arbeiten Sie Ihre Stärken heraus und erhalten Sie sich Ihre Natürlichkeit.

Mit Engagement können Sie Ihr kongruentes Verhalten verbessern. Unter Engagement verstehen wir die Einstellung, mit der Sie sich in einem Vorstellungsgespräch präsentieren, und welchen Einsatz Sie für Ihre Argumente aufbringen. Dieses Engagement zeigt sich in Ihrem verbalen und nonverbalen Verhalten.

Entspricht unser Verhalten den genannten Kriterien, verhalten wir uns also kongruent, so besitzen wir die Möglichkeit etwas darzustellen und Sie verfügen damit über so genannte Präsenz. Mit Präsenz verbindet sich stets Aura und Ausstrahlung. Pflegen Sie Ihre Präsenz, und Sie werden glaubhaft und echt. Das ist das Geheimnis für Ihren Erfolg!

Körper, Stimme und Inhalt müssen zueinander kongruent sein, damit Sie glaubwürdig und echt auftreten können. Das ist die Grundvoraussetzung, damit Sie erfolgreich in einem Vorstellungsgespräch wahrgenommen werden.

Mit dem Körper überzeugen

Die **Mimik** beinhaltet alle Ausdrucksformen, die wir mit unserem Gesicht herstellen können. Emotional-affektive Reaktionen finden sich in unseren Gesichtszügen wieder. Das Gesicht könnte man als eine Art »Spiegel unserer Seele« bezeichnen, und es erzählt, was ein Mensch fühlt, denkt und in welcher grundsätzlichen Verfassung er ist. Die Ausdrucksweisen reichen von glücklich, freundlich, offen, entspannt bis hin zu enttäuscht, angespannt, unsicher und verschlossen.

Menschen mit hochgezogenen Mundwinkeln sind optimistisch, selbstsicher, haben Humor, sind spöttisch und sarkastisch. Menschen mit abfallenden Mundwinkeln zeigen damit häufig Pessimismus, Resignation, Hemmung oder Sorgen auf.

Tipp: Zeigen Sie Begeisterung für einen möglichen neuen Job und überzeugen Sie Ihr Gegenüber mit einem natürlichen Lächeln.

Die **Gestik** umfasst alle Ausdrucksformen der Hände und Arme. Ebenso wie die Mimik sollte die Gestik kongruent zum Inhalt sein und damit die Aussagekraft unterstützen. Die Gestik muss natürlich und nicht gekünstelt beziehungsweise antrainiert wirken.

Dieser Merksatz verdeutlicht, dass eine gute Gestik von selbst, quasi unbewusst entsteht und keineswegs aufgesetzt oder erzwungen werden kann. Dennoch ist es möglich, auf eine wenig ausgeprägte Gestik Einfluss zu nehmen. In diesem Sinne ist darauf zu achten, dass die Gestik grundsätzlich oberhalb der unteren Extremitäten, also vor dem Oberkörper, angelegt sein sollte, sodass Sie Ihre Arme beim Gestikulieren im Blickfeld halten können. Fehler tauchen häufig durch das Unterbinden der Gestik auf und weniger durch »falsches« Gestikulieren. Lassen Sie die Gestik »laufen«, und Sie werden an Natürlichkeit gewinnen.

Tipp: Achten Sie darauf, dass Sie im Vorstellungsgespräch die Arme zum Gestikulieren einsetzen können, packen Sie diese unter keinen Umständen weg. Zeigen Sie durch Ihre Gestik Ihr Engagement!

Die **Körperhaltung** wird bestimmt durch den Ausdruck des gesamten Körpers »vom Scheitel bis zur Sohle«. Ein selbstbewusster Körperausdruck ist gekennzeichnet durch eine aufrechte Haltung und einen sicheren Stand. Beim Stand sollten Sie darauf achten, dass das Gewicht auf beiden Beinen gleichmäßig verteilt ist. Dies gilt auch für die Sitzhaltung. Eine offene Körperhaltung zum Gesprächspartner wirkt sympathisch und strahlt Positives aus. Schenken Sie Ihrem Gegenüber Aufmerksamkeit, indem Sie sich körperlich zu ihm ausrichten. Agieren Sie mit Ihrem Körper natürlich. Sie sollten sich in einem Vorstellungsgespräch nicht selbst beobachten, da Sie dadurch eher angespannt und verkrampft wirken.

Tipp: Durch eine offene Körperhaltung mit der Ausrichtung zum Gesprächspartner schaffen Sie eine gute Gesprächsatmosphäre und demonstrieren Aufgeschlossenheit und Neugierde. Darüber hinaus wecken Sie so Interesse an Ihrer Person.

Der **Blickkontakt** zählt zu den bedeutendsten Faktoren im nonverbalen Ausdruck. »Blickkontakt steuert den Gesprächsablauf, signalisiert Gesprächsbereitschaft und Aufmerksamkeit, dient der Aufnahme von Feedback und kann die emotionale Gestimmtheit signalisieren« (Allhof, D.-W./Allhoff, W. 1994, S. 43). Nehmen Sie Ihren möglichen Arbeitgeber ernst, zeigen Sie das durch einen Blick direkt in die Augen. Schauen Sie unter keinen Umständen an ihrem Gesprächspartner vorbei. Vermeiden Sie, Ihren zukünftigen Chef anzustarren, sondern lösen Sie vielmehr den Blick auf und bemühen Sie sich erneut um Qualität in Ihrem Blick.

Bei der Ansprache vor mehreren Gesprächsteilnehmern sollten Sie nicht den Blick oberflächlich über die Zuhörer hinwegschweifen lassen, sondern halten Sie Blickkontakt zu einzelnen Personen. Versuchen Sie Interesse bei den Gesprächsteilnehmern über den Blick zu wecken und binden Sie diese mit in die Verhandlung ein.

Tipp: Bei der Begrüßung zu Beginn eines Vorstellungsgesprächs ist ein direkter, freundlicher Blick ausschlaggebend, sodass Ihr Gegenüber von Anfang an von Ihrer Persönlichkeit begeistert ist.

Die **Kleidung** sollte grundsätzlich der Vorstellungssituation, dem Unternehmen und der ausgeschriebenen Stelle angemessen, ordentlich, sauber und eher dezent sein. Hier sollten Sie sorgfältig differenzieren, ob Sie sich beispielsweise bei der Deutsche Bank AG, einem Softwarehaus oder in einer Künstleragentur bewerben. Sie sollten die Kleidungsgepflogenheiten eines neuen Arbeitgebers unter allen Umständen berücksichtigen, vorausgesetzt Sie beabsichtigen einen gelungenen ersten Eindruck. Nebst Kleiderordnung sollten Sie beachten, dass Sie Ihre Persönlichkeit über die Kleidung ausdrücken, weshalb diese zu Ihnen passen muss. Sie sollten sich in Ihrer zweiten Haut wohl fühlen. Das gelingt am besten, wenn Sie die ausgewählten Kleidungsstücke gerne tragen.

Die Kleidung sollte ihnen wortwörtlich passen, das heißt diese sollte weder zu eng noch zu weit, zu groß oder zu klein sein. So können Sie Ihr Wohlgefühl verbessern, und in der Regel kleiden Sie sich dadurch vorteilhafter.

Tipp: Kleiden sie sich einen »Tick« besser, als Sie es sich vorgestellt haben! Wenn Sie sich für Hemd, Anzug und Krawatte entschieden haben, dann bedeutet einen »Tick« besser, ein qualitativ hochwertigeres Hemd oder eine bessere Krawatte auszuwählen. Das heißt nicht, von den Jeans in den Nadelstreifenanzug zu schlüpfen.

Denken Sie an das Sprichwort: Kleider machen Leute. Vergessen Sie nicht, Ihre Schuhe auf Sauberkeit zu prüfen. Schuhe sind bei der Beurteilung Ihres äußeren Erscheinungsbildes besonders wichtig und sollten in einem tadellosen Zustand sein.

Mit der Stimme überzeugen

Der verbale Ausdruck ist gekennzeichnet durch Klang und Ton der Stimme, Sprachverständlichkeit und Modulation der Stimme. Mit einem angenehmen Klang und Ton der Stimme können Sie überzeugen, und mit der Modulation können Sie die Aussagekraft Ihrer Stimme unterstreichen. Grundvoraussetzung ist zunächst einmal, dass man Sie versteht. Im Vorstellungsgespräch heißt das, dass auf saubere Artikulation geachtet werden muss. Sprachverständlichkeit erreichen Sie durch eine deutliche Aussprache.

Von größter Bedeutung im verbalen Ausdruck ist die Modulation. Sie ist unser ausdrucksstärkster Faktor, den wir besitzen. Die Modulation der Stimme entwickelt sich durch die Variation von Lautstärke und Geschwindigkeit unter der Berücksichtigung von Sprechpausen. Alles das, was wir unter Betonung verstehen, wird unter dem Begriff Modulation der Stimme zusammengefasst. Durch gute Modulation können Sie den Zuhörer zum Zuhören motivieren: Mit der Stimme erzeugen Sie Spannung, der Inhalt wird für den Zuhörer attraktiver. Besonders die Variation der Lautstärke ermöglicht dem Bewerber, sein Interesse für eine bestimmte Tätigkeit herauszuarbeiten und diese zu verstärken. Seien Sie vorsichtig, ein zu lautes »Organ« wird von den meisten Zuhörern negativ ausgelegt. Nicht selten verbindet man Lautstärke mit Aggressivität, Dominanz und Autorität. Die Lautstärke sollte den Raum- und Personenverhältnissen angepasst werden.

Tipp: Wecken Sie mit Ihrer Stimme Interesse beim Zuhörer, bringen Sie Engagement und Begeisterung in Ihrer Sprache zum Ausdruck. Zeigen Sie proaktives Verhalten und bestätigen Sie Ihrem Gesprächspartner mit aktivem Zuhören, durch Zunicken, Blickkontakt oder Bestätigungslaute wie »Hmm«, dass Sie ihm volle Aufmerksamkeit schenken – nur so überzeugen Sie.

Buchtipp: Wenn Sie sich mit dem Thema Stimme intensiver auseinander setzen möchten, dann empfehlen wir das Buch »Die Stimme wirkungsvoll einsetzen« von Sabine F. Gutzeit (^{2}2003).

Der Umgang mit Fragen im Vorstellungsgespräch

Wenn Sie sich mit möglichen Fragestellungen in einem Vorstellungsgespräch auseinander setzen, sollten Sie sich im Voraus über einige Sachverhalte im Klaren sein. Zunächst einmal hat der Gesprächspartner nur die Möglichkeit, sich anhand Ihrer Bewerbungsunterlagen auf Sie vorzubereiten. Wir appellieren an Ihre Ehrlichkeit. Stellen Sie keine Behauptungen auf oder nicken Sie einer Sache zu. Bestätigen Sie nur das, was Sie tatsächlich gemacht haben, und halten Sie sich fern vom Land der Fantasie. Andernfalls kann eine Situation schnell aus den Fugen geraten und peinlich werden. Unterschätzen Sie niemals Ihr Gegenüber, denn zumeist sitzen Sie mit hoch qualifizierten Mitarbeitern, die im Fragen Weltmeister sind, an einem Tisch. Zeigen Sie Engagement, Freundlichkeit und Sympathie. Sprechen Sie lebendig, setzen Sie Bilder ein und signalisieren Sie Ihrem Gesprächspartner, dass Sie begeisterungsfähig sind.

Übertreibungen und Lügen sind gefährlich, egal ob im Vorstellungsgespräch oder in der Bewerbungsmappe. Lügen ziehen oft weitere Lügen nach sich, bis ein ganzes Lügengebäude entsteht. Um Ihre Fassade aufrechterhalten zu können, müssten Sie sich alles, was Sie gesagt haben und wie Sie es gesagt haben, merken können. Vor allem wenn Sie einem routinierten Gesprächspartner gegenübersitzen, der nicht nur oberflächliches Interesse an Ihren Fähigkeiten und Erfahrungen hat, ist dieses Unterfangen so gut wie aussichtslos. Die peinliche Situation, die entsteht, wenn ein Lügengebäude einstürzt, wollen wir uns alle lieber ersparen.

Aber auch, wenn Sie damit durchkommen sollten, haben Sie sich wahrscheinlich keinen Gefallen getan. Oder glauben Sie, dass Ihnen ein Job Spaß macht, für den Sie sich die notwendigen Qualifikationen angelogen haben? Ihr neuer Arbeitgeber würde das in der Probezeit mit Sicherheit bemerken. Trotz allem sollen Sie sich und Ihre Kompetenzen und Stärken selbstbewusst und positiv präsentieren.

Im Umgang mit Fragen sollten Sie sehr gut vorbereitet sein. Informieren Sie sich über das Unternehmen und setzen Sie sich mit der Unternehmensphilosophie und -kultur auseinander. Existiert ein Leitbild oder wie tritt das Unternehmen in der Öffentlichkeit auf? In welcher wirtschaftlichen Situation befindet sich das Unternehmen? Welche Chancen hat es und mit welchen Risiken kämpft es? Welche Stärken und Schwächen hat es in diesem Kampf? Versuchen Sie ein Verständnis für ein Unternehmen oder einen Konzern zu entwickeln.

Formulieren Sie in Ihren Antworten aktiv. Sprechen Sie mit einer positiven Sprache. Hier empfiehlt es sich, eine kundenorientierte Sprache einzusetzen, die beispielsweise Begriffe wie »gerne«, »selbstverständlich«, »natürlich« oder »gut, dass Sie das erwähnen« enthält. Arbeiten Sie immer heraus, warum Sie so attraktiv für eine Stelle sind. Was spricht für Sie? Warum sollten ausgerechnet Sie die richtige Wahl sein? Achten Sie stets darauf, dass Sie Floskeln und Worthülsen vermeiden. Führen Sie stattdessen Belege und Beispiele auf, an denen Sie Ihre beruflichen Erfolge festmachen. Seien Sie immer konkret und streichen Sie Allgemeines. Belegen Sie Ihre Aussagen mit Erfahrungen und Kompetenzen.

Wir verweisen in Coaching-Gesprächen darauf, dass es durchaus sinnvoll ist, Arbeitsproben oder Dokumente in ein Vorstellungsgespräch mitzunehmen. Damit können Sie den Beweis antreten, dass Sie bestimmte Tätigkeiten ausgeübt haben und über besondere Kompetenzen verfügen. Ein Redakteur für eine Onlineredaktion kann mit einer Pressemappe seine journalistische Kompetenz belegen. Ein Maschinenbauingenieur kann mit einer Projektdokumentation erklären, wie das Projekt durchgeführt worden ist. Hier sollten Sie natürlich berufliche »Highlights« verwenden. Alltägliche Dinge aus dem operativen Tagesgeschäft sind nicht angemessen, denn schließlich möchten Sie glänzen.

Ein Vorstellungsgespräch läuft immer auf den Punkt hinaus: Was kann ich gut? Wie sage ich meinem Gegenüber möglichst realistisch und glaubhaft, was ich kann? Schildern Sie lebhaft anhand von konkreten Beispielen und Erfahrungen, was Ihre Persönlichkeit und Ihre Arbeitsweise ausmacht, um einen möglichen Arbeitgeber zu überzeugen.

INFO

Beispiele für Fragen im Vorstellungsgespräch

- Wie haben Sie hergefunden? Haben Sie uns gleich gefunden?
- Wie sind Sie auf uns aufmerksam geworden?
- Was hat Sie an unserer Stellenanzeige angesprochen?
- Was wissen Sie über unser Unternehmen?
- Was fasziniert Sie an unseren Produkten?
- Kennen Sie sich in der Branche aus?
- Was wissen Sie über unsere Branche?
- Was bringen Sie mit unserem Unternehmen in Verbindung?
- Erzählen Sie etwas über sich selbst. Welche Hobbys haben Sie?
- Warum haben Sie ... gelernt beziehungsweise studiert?

INFO

- Was waren Ihre Ausbildungs- oder Studienschwerpunkte?
- Was hat Ihnen im Studium am meisten Spaß gemacht?
- Warum haben Sie Ihre Diplomarbeit bei ... geschrieben?
- Fragen zu in der Bewerbung angegebenen praktischen Tätigkeiten in Praktikum, Lehre und Beruf.
- Fragen zu in der Bewerbung angegebenen Tätigkeitsschwerpunkten und jeweiligen beruflichen Stationen.
- Fragen zu in der Bewerbung angegebenen Fähigkeiten.
- Fragen zu in der Bewerbung angegebenen Zusatzqualifikationen und Weiterbildungen.
- Warum möchten Sie für uns arbeiten?
- Was reizt Sie an dieser Tätigkeit?
- Wo sehen Sie Ihre Stärken und Schwächen?
- Auf welche beruflichen Leistungen sind Sie besonders stolz?
- Wovon war Ihre berufliche Entwicklung bisher gekennzeichnet?
- Warum sollten wir Sie einstellen? Was können Sie besser als andere?
- Was erhoffen Sie sich von uns?
- Was erscheint Ihnen an der angebotenen Aufgabe attraktiv, was weniger?
- Ist es für Sie eine Herausforderung, in unserem Unternehmen zu arbeiten? Warum?
- Welchen beruflichen Herausforderungen möchten Sie sich zukünftig stellen?
- Worauf legen Sie im Beruf Wert?
- Wie gehen Sie mit Kritik um?
- Worüber können Sie sich richtig ärgern? Wie lange hält Ihr Ärger an?
- Was würden Sie machen, wenn ...?
- Wenn Sie jetzt noch einmal in der Schule wären, was würden Sie ändern?
- Wie lange würden Sie brauchen, bis Sie die Aufgabe voll im Griff haben?
- Was ist Ihnen in einer Einarbeitungsphase wichtig?
- Welche Hilfestellungen möchten Sie, damit Sie sich gut einarbeiten können?
- Wie lange wollen Sie bei uns bleiben?
- Wie stellen Sie sich Ihren idealen Vorgesetzten beziehungsweise seinen Führungsstil vor?
- Wie würden Sie Ihren Führungsstil bezeichnen beziehungsweise umschreiben?
- Was ist Ihnen im Umgang mit Mitarbeitern besonders wichtig?
- Was verbinden Sie mit dem Begriff Personalverantwortung?

- Was beurteilen Sie an Ihrer letzten Position als positiv, was als negativ?
- Welche Vorstellungen und Ziele haben Sie für die Zukunft?
- Wie mobil sind Sie?
- Haben Sie in letzter Zeit Messen oder Kongresse besucht?
- Was hat Sie besonders beeindruckt?
- Welche Weiterbildungsangebote haben Sie zuletzt genutzt?
- Welche Seminare würden Sie gerne zukünftig besuchen?
- Was halten Sie von Coaching?
- Wie denken Sie über Ihren letzten Chef?
- Wie können Sie einen Beitrag leisten, um unser Betriebsklima zu verbessern?
- Was ist Ihnen für die Arbeit im Team wichtig?
- Wie ist Ihr momentaner gesundheitlicher Zustand?
- Welche Gehaltsvorstellungen haben Sie?
- Wie hoch waren Ihre letzten Bezüge?
- Was halten Sie von leistungsbezogenen Bestandteilen in einem Vergütungssystem?
- Wie schnell können Sie sich entscheiden?
- Was machen Sie jetzt noch, wo Sie schon einmal hier sind?
- Welche Fragen haben Sie jetzt noch?

Es gibt **Fragen**, die in einem Vorstellungsgespräch **arbeitsrechtlich unzulässig** sind. Wie es aber in der Juristerei üblich ist, gibt es Ausnahmen von der Regel und vereinzelt Arbeitsplätze mit Sonderregelungen. Sollten Sie als Bewerber von einer Fragestellung betroffen sein, raten wir Ihnen, sich zusätzliche Informationen einzuholen.

Fragen in den folgenden Themengebieten sind nicht zulässig:

- Schwangerschaft,
- Infizierung mit dem AIDS-Virus,
- Religionszugehörigkeit,
- Zugehörigkeit zu einer politischen Partei,
- Vermögensverhältnisse oder Pfändungen,
- Vorstrafen,
- gewerkschaftliche Zugehörigkeit,
- Fragen zum vorherigen Gehalt, wenn das frühere Gehalt für die künftig zu besetzende Stelle unbedeutend ist.

In einem Vorstellungsgespräch unterliegt der Bewerber einer Offenbarungspflicht. Das heißt, dass er, ohne gefragt zu werden, Informationen geben muss, die für die Aufnahme eines Arbeitsverhältnisses relevant sind. Insbesondere wenn diese der vereinbarungsgemäßen Aufnahme der Tätigkeit entgegenstehen, wie beispielsweise Krankheit, Kur, Schwangerschaft, Schwerbehinderung oder ein Wettbewerbsverbot.

Eine Auswahl von praktischen Übungen und Aufgaben, die im Vorstellungsgespräch durchgeführt werden können, steht Ihnen unter **www.komquadrat.de, www.einzigartig-bewerben.de** oder **www.beltz.de/buecher/einzigartig-bewerben.htm** im Internet zum Download zur Verfügung.

Eigene Fragen im Vorstellungsgespräch

Im nachfolgenden Abschnitt haben wir einige Fragen zusammengestellt, die Sie an einen neuen Arbeitgeber richten können. Wir haben die Fragen nach dem Gesprächsgegenstand in verschiedene Fragenblöcke eingeteilt. Wichtig erscheint uns in diesem Zusammenhang, dass dies lediglich eine Auswahl von Fragen ist, die Sie je nach Stelle und Unternehmen individuell zusammenstellen müssen. Bedenken Sie dabei in welcher Gesprächsphase Sie die Fragen stellen möchten und ob Sie die Fragen im ersten oder in einem zweiten Gespräch stellen möchten.

INFO

Eigene Fragen im Vorstellungsgespräch

Fragen zur Branche

- Gehören Unternehmenszweige zu anderen Branchen?
- Sind die Kunden eher im Umland? Wer sind die wichtigsten Kunden?
- Wer ist Marktführer?
- Welche Betriebsgrößen und Rechtsformen sind branchenüblich?
- Gab es in letzter Zeit in der Branche wichtige Veränderungen (Fusionen, technologische Fortschritte, neue gesetzliche Vorschriften, neue Vertriebsformen)?

Fragen nach dem Unternehmen

- Welche Rolle spielt das Unternehmen auf dem Markt?
- Wie hat sich das Unternehmen in den letzten Jahren entwickelt?
- Wer sind die Hauptwettbewerber?
- Wer sind die wichtigsten Kunden/Lieferanten?
- Welches sind die wichtigsten Produkte?
- Hat das Unternehmen eine besondere Unternehmenskultur? Gibt es eine Führungsphilosophie?
- Gibt es ein System der Leistungsbeurteilung/Personalentwicklung?
- Wie sieht das unternehmenspolitische Konzept aus?

Fragen nach dem Fach-/Funktionsbereich

- Welche Bedeutung hat der Fachbereich, in dem Sie tätig werden wollen, für das Unternehmen?
- Ist er bereits voll entwickelt oder noch im Aufbau?
- Gab es in letzter Zeit wesentliche Veränderungen innerbetrieblich/außerbetrieblich?

Fragen nach der Stelle

- Warum ist die Stelle zu besetzen? Seit wann ist sie frei? Aus welchen Gründen ist der bisherige Stelleninhaber gegangen? Warum wurde die Stelle neu geschaffen? Wer hat die Aufgabe bisher erfüllt?
- Wie ist die Stelle hierarchisch eingeordnet? Gibt es einen Organisations-/Stellenplan?
- Gibt es eine Stellenbeschreibung? Welche Vollmachten sind mit der Stelle verbunden? Gibt es konkrete Zielsetzungen für die Stelle?
- Welche Qualifikationen haben die zukünftigen Mitarbeiter und Kollegen?
- Wie werden die Aufstiegschancen vom Unternehmen beurteilt?

Fragen nach den vertraglichen Bedingungen

- Wird eine Vertragsdauer festgelegt?
- Wie wird die Kündigungsfrist geregelt?
- Wie sieht die Urlaubsregelung aus?
- Besteht ein Verbot für Nebenbeschäftigungen?
- Welche sonstigen Vereinbarungen sind zu treffen?
- Wie hoch sind die Bezüge? Gibt es Weihnachtsgeld, Urlaubsgeld, Erfolgsbeteiligung? Welche betriebliche Altersvorsorge gibt es? Tarifliche oder außertarifliche Leistungen? Gibt es Trennungsentschädigung, Umzugskostenerstattung?

Bedenken Sie, dass Sie gezielt und nicht zu viel fragen. Reden Sie über Geld erst am Schluss! Zeigen Sie über Ihre Fragen, dass Sie großes Interesse an der Stelle haben.

Stressinterview: Keep cool!

Gelegentlich versucht ein neuer Arbeitgeber Sie in einem Vorstellungsgespräch unter Druck zu setzen. Wie sich aus dem Wort Stressinterview ableiten lässt, handelt es sich um eine Belastungssituation, die für einen Bewerber sehr unangenehm sein kann. Der Personalentscheider wird in diesem Fall ungeheuerliche Fragen stellen, um Sie zu provozieren und in die Enge zu treiben. In einer Art Kreuzverhör, zum Beispiel von Fachvorgesetztem und Personalleiter, werden Sie von einer Frage zu nächsten gehetzt. Häufig fehlt bei solchen Fragesalven jeglicher Bezug zur zu besetzenden Stelle. Ziel ist es, den Bewerber zu verunsichern und zu testen, wie er mit der Situation umgeht. Mitunter kommt es vor, dass Sie nicht einmal genug Zeit bekommen, Ihre Ausführungen zu beenden, weil Sie bereits der nächsten Frage ausgesetzt sind.

Ab und an wird der Interviewer Komplimente oder Bestätigungen einfließen lassen, damit Sie ihm nicht davonlaufen beziehungsweise aufgeben. Neben Provokationen und rhetorischen Fragen setzen Arbeitgeber Täuschungen ein, um Sie aus der Reserve zu locken. Oftmals werden Ihre Ausführungen in Ihren Bewerbungsunterlagen als fragwürdig oder unzutreffend bezeichnet. Um Sie zusätzlich unter Druck zu setzen, wird die Thematik des Gesprächs permanent verändert. Die erste Frage bezog sich auf Ihre Schwächen, während Sie in der nächsten Frage gefragt werden, ob Sie nicht eine klassische Fehlbesetzung sind.

Der Ablauf ist analog zu einem »normalen« Vorstellungsgespräch, nach einer Aufwärmphase geht es dann gleich zur Sache.

Beispiel: »Schön, Herr Kaufmann, nun kommen wir aber mal zum Wesentlichen. Aus Ihren Unterlagen kann ich nicht erkennen, dass Sie mein Favorit sind. Ich habe besser qualifizierte Bewerber. Warum sollte ich mich mit Ihnen unterhalten?«

Damit Sie sich ein Bild von einem Stressszenario machen können, haben wir Ihnen einige Fragen zusammengestellt, die auch wir in Coachings immer wieder mit großem Erfolg einsetzen. Schauen Sie sich die Fragen an und bedenken Sie dabei, wie Sie sich in dieser Stresssituation fühlen würden. Antworten Sie sachlich, präzise und bleiben Sie vor allen Dingen ruhig.

INFO

Fragen im Stressinterview

- Warum um Himmelswillen Sie?
- Warum sollte ich Sie einstellen? Wir erwarten eine akademische Ausbildung, Sie sind lediglich Techniker?
- Sie sind zweifelsohne interessant, aber fachlich na ja?
- Meinen Sie nicht, dass Sie mit Ihrer Bewerbung zu sehr nach den Sternen greifen?
- Sie sind zu unerfahren – oder?
- Können Sie unsere Probleme lösen, Ihre Branchenkenntnisse gehen doch gegen null?
- Das scheint uns eine Nummer zu groß. Sie haben lediglich in kleinen Unternehmen gearbeitet. Wir sind ein Globalplayer, was sagen Sie dazu?
- Wo liegen Ihre Schwächen?
- Warum bekennen Sie sich nicht zu Ihren Schwächen?
- Wie gehen Sie mit Ihren beruflichen Misserfolgen um?
- Sind Sie manchmal ein wenig impulsiv?
- Wie gehen Sie mit schlechter Laune um?
- Immer diese »Weichspülerunterlagen«! Ist das auch alles richtig?
- Sie stellen sich ausgesprochen positiv dar. Wie passt diese Haltung in ein negatives Wirtschaftsumfeld?
- Sie scheinen ein fachlicher Überflieger zu sein, aber warum passen Sie in unser Team?
- Was unterscheidet Sie von anderen Bewerbern, die meiner Ansicht nach mehr Berufserfahrung mitbringen?
- In Ihren Unterlagen kann ich wenig Kompetenz für die zu besetzende Stelle finden?
- Akademiker haben den Hang zum Abheben, wie bleiben Sie auf dem Teppich?
- Was verstehen Sie unter Visionen, sozialer Integrität, ökonomischem Prinzip und Menschenführung?
- Warum haben Sie keine Freizeitaktivitäten angegeben?

Mit diesen Fragestellungen versucht man Sie zu hinterfragen. Denken Sie immer an die »Warum-Frage«. Sie ist sehr beliebt und eignet sich, um einem Bewerber auf den Zahn zu fühlen. Lassen Sie sich nicht zu vorschnellen und riskanten Aussagen verleiten. Arbeiten Sie selektiv offen, gehen Sie also nur auf das, was wirklich wichtig ist, ein, geben Sie nur das preis, was in Zusammenhang mit der Stelle von Bedeutung ist. Vermeiden Sie eine negative Darstellung vorausgegangener Chefs beziehungsweise Unternehmen und zeigen Sie mit Engagement, dass Sie dieser Herausforderung gewachsen sind.

INFO

Verhaltenstipps im Stressinterview

- Bleiben Sie gelassen!
- Reden Sie ruhig.
- Reagieren Sie auf Provokationen sachlich und nicht emotional.
- Behalten Sie einen normalen Ton. Der Ton macht die Musik!
- Lassen Sie sich nicht von Ihrer Linie abbringen.
- Belegen Sie Ihre Aussagen mit konkreten Beispielen.
- Vermeiden Sie unter allen Umständen eine zu laute Sprache.
- Eine Gegenfrage schafft Entlastung.
- Legen Sie Sprechpausen ein.

Bedenken Sie, dass Sie so qualifiziert sind, dass Sie zu einem Gespräch eingeladen wurden. Fragen Sie sich auch, wie viel Sie sich bieten lassen wollen. Und wann es Zeit ist aufzustehen. Vielleicht möchte man gerade das sehen?

Keep cool! Bewahren Sie Ihr Gesicht. Ruhe und Gelassenheit sind Ihre Trümpfe. Gehen Sie mit Provokationen sachlich um. Überzeugen Sie Ihr Gegenüber mit schlagkräftigen Argumenten und lassen Sie sich nicht auf Verwirrspiele und Worthülsen ein.

Wir Reden über Geld!

Wenn das nur so leicht wäre. In Deutschland ist das Phänomen Gehalt schlichtweg ein Geheimnis. Man spricht nicht darüber! Nicht selten erleben wir in einem Coaching-Gespräch, dass Bewerber sprachlos sind, wenn man Sie nach ihrem Gehaltswunsch fragt.

Häufig fragen wir: »Haben Sie sich schon einmal Gedanken gemacht, was Sie denn eigentlich verdienen wollen?« Die Antwort besteht meist aus einem »Fragen Sie mich doch um Himmelswillen so etwas nicht« oder aus einem betretenen Schweigen, das sich nicht wesentlich von einem Achselzucken unterscheidet. Bevor Sie in einem Vorstellungsgespräch eine solche Antwort geben, sollten Sie sich in der Vorbereitung mit folgenden Fragen auseinander setzen:

- Was bedeutet mir meine Arbeit?
- Was habe ich verdient?
- War ich mit meinem letzten Gehalt zufrieden?
- Was muss ich verdienen?
- Was möchte ich verdienen?
- Was ist meine Arbeit wert?
- Welchen Wert hat meine Arbeit für ein Unternehmen?

Greifen Sie Ihr letztes Gehalt auf und überlegen Sie, ob dieses in einer veränderten Position mit einem veränderten Verantwortungsbereich Ihren Leistungen entspricht. Berücksichtigen Sie dabei, wie sich Ihr Gehalt zusammengesetzt hat. Heute haben Sie weitaus mehr Möglichkeiten, über das Gehalt zu verhandeln, als noch vor 20 Jahren. In vielen Unternehmen wird mittlerweile mit verschiedensten Entgeltbestandteilen gearbeitet, die von Umsatzbeteiligungen, Prämienzahlungen, Boni und Gratifikationen bis hin zu Firmenanteilen reichen können. Nutzen Sie alle Möglichkeiten aus und setzen Sie sich mit den verschiedenen Faktoren auseinander. Wichtig für Sie ist die grundsätzliche Entscheidung darüber, wie hoch der variable, meist leistungsbezogene Anteil Ihrer Vergütung sein darf.

Überlegen Sie, was Ihnen wichtig ist. Der eine Bewerber zieht eine zusätzliche Altersversorgung einem Dienstwagen vor, einem anderen Bewerber sind Aktien oder Firmenanteile lieber als eine Kostenübernahme für einen Bausparvertrag. Ein Dritter schätzt Freizeit mehr als Entgelt. Beziehen Sie auch geldwerte Vorteile in Ihre Überlegungen mit ein. Diese Vorteile steigern letztendlich Ihr Gehalt.

Je nach zu besetzender Stelle werden Sie über ein Monats- oder ein Jahresgehalt verhandeln. Eine Teamleiterin aus dem kaufmännischen Bereich wird aus Ihrer Sicht über ein Monatsgehalt verhandeln, während ein Produktionsleiter über ein Jahresgehalt diskutiert. Was aus Sicht des Bewerbers besser ist, lässt sich nicht eindeutig beantworten.

Bei der Verhandlung über ein **Monatsgehalt** haben Sie eine relativ große Einkommenssicherheit. Zu verhandeln bleibt allerdings noch, wie viele Monatsgehälter gezahlt werden und ob es zusätzliche Zahlungen wie Urlaubsgeld gibt. Bei der Verhandlung über ein **Jahresgehalt** haben Sie mehr Flexibilität. Achten Sie darauf, dass Sie Ihr Jahresgehalt nicht in zwölf Monatsgehälter umrechnen, während Ihr Verhandlungspartner mit 13,5 Monatsgehältern rechnet. Nachdem sie sich auf ein Jahresgehalt geeinigt haben, müssen Sie unbedingt klären, was dieser Betrag genau umfasst und was Sie noch zusätzlich aushandeln können. Lassen Sie sich auch von vermeintlich niedrigen Angeboten nicht vorschnell abschrecken. Wenn man Ihnen zusätzliche Vorteile wie Dienstwagen, Direktversicherung oder betriebliche Altersvorsorge anbietet, dann können Sie dadurch private Ausgaben einsparen. Das relativiert die absolute Gehaltshöhe.

INFO

Tipps für Ihre Gehaltverhandlung

- Beschäftigen Sie sich intensiv mit der Vorbereitung der Gehaltsverhandlung.
- Informieren Sie sich!
- Welche firmenspezifischen Zusatzaufwendungen, wie zum Beispiel vermögenswirksame Leistungen, zusätzliche Rentenaufwendungen, Pensionskasse, Betriebsrente, Firmenwagen gibt es? Und wie hoch sind diese?
- Berücksichtigen Sie die variable Vergütung. Wie groß sind die leistungsabhängigen Gehaltsbestandteile? Wie realistisch sind Ihre Zielvorgaben? Können Sie diese überhaupt erreichen?
- Seien Sie sich bewusst, ob Sie in Monats- oder Jahresgehältern verhandeln. Bedenken Sie, dass ein Jahresgehalt ein Weihnachtsgeld beziehungsweise Urlaubsgeld beinhalten kann.
- Rechnen Sie Ihr letztes Monatsgehalt in ein Jahresgehalt um. Berücksichtigen Sie Weihnachts- und Urlaubsgeld.
- Verlassen Sie sich nicht auf mündliche Zusagen bezüglich einer Gehaltserhöhung nach der Probezeit! Fixieren Sie Gehaltserhöhungen schriftlich.

Für weitere Informationen rund ums Gehalt können Sie auch im Internet recherchieren. Hier eine kleine Auswahl:

Gewerkschaften
Bieten häufig Gehaltsinformationen. Beispielsweise BAT-Tabellen bei der GEW.

- www.gew.de
  Gewerkschaft Erziehung und Wissenschaft
- www.verdi.de
  Vereinte Dienstleistungsgewerkschaft
- www.gpa.at
  Gewerkschaft der Privatangestellten in Österreich
- www.goed.at
  Gewerkschaft öffentlicher Dienst in Österreich
- www.gded.de
  Gewerkschaft der Eisenbahner
- www.ghk.de
  IG Metall
- www.gewerkschaft-pflege.de
  Gewerkschaft im Gesundheitswesen

Kostenloser Gehaltscheck

- www.gehalts-check.de

Kostenpflichtiger Gehaltscheck

- www.geva-institut-de/privatkunden/jobwechsel-wiedereinstieg/gehalt/index.html
  (Kosten 8 bzw. 16 Euro)
- www.personalmarkt.de/ga.homega.php
  (Kosten 24,50 bis 29,50 Euro)
- www.zeit.personalmarkt.de/ga.homega.php
  (Kosten 18 bis 22 Euro)

Kostenloser Brutto-Nettorechner

- www.sueddeutsche.de/jobkarriere/erfolggeld/app/263/9254
- www.sebimmoinvest.de/tools/steuer.jsp
- www.finanzen.focus.msn.de/D/DA/DA80/da80.htm
- www.huethig-jehle-rehm.de/service/gehalt.htm

Für Ihre Recherchen in Sachen Vergütung können Sie beispielsweise auf folgende Quellen zugreifen:

- IHK und Handwerkskammer.
- Statistisches Bundesamt in Wiesbaden.
- Zeitungen, Zeitschriften und Wirtschaftsmagazine: Capital, Wirtschaftswoche, Focus.
- Die FAZ führt in jeder Samstagsausgabe unter der Rubrik »Beruf und Chance« eine Gehaltsstatistik auf.
- Kienbaum Vergütungsberatung.
- Gewerkschaften und Berufsverbände.

Achtung: Statistische Mittelwerte können, auch wenn sie repräsentativ sind, starken Schwankungen unterliegen. Bedenken Sie beispielsweise das Ost-West-Gefälle, die Vergütungsunterschiede von großen AGs und Klein- und Familienbetrieben oder BAT-Differenzen bezüglich der Orts- beziehungsweise Stadtzulagen.

Stellenbörsen bieten zumeist ebenfalls Zusatzangebote wie Gehaltschecks oder Brutto-Netto-Rechner. Aber nicht jeder Service wird Ihnen kostenlos zu Verfügung gestellt.

Nutzen Sie alle Möglichkeiten einer Gehaltsverhandlung aus, das heißt, lassen Sie sich so lange wie möglich verschiedene Optionen offen und appellieren Sie an ein leistungsgerechtes Entgelt!

Die häufigsten Fehler eines Bewerbers im Vorstellungsgespräch

Bewerber machen ganz unterschiedliche Fehler in einem Vorstellungsgespräch. Mitunter kommt es vor dass Bewerber mehrere schwerwiegende Fehler begehen, die einen möglichen Kandidaten für eine Stellenbesetzung unattraktiv machen. Setzen Sie sich mit den auf Seite 217 beschriebenen Fehlern auseinander und berücksichtigen Sie diese in Ihrer Vorbereitung für ein so wichtiges Gespräch.

INFO

Die häufigsten Fehler

- **Falsche Kleidung.** Achten Sie auf Ihr äußeres Erscheinungsbild und denken Sie daran: »Lieber einen Tick besser«. In einem Gespräch mit der richtigen Kleidung fühlen Sie sich gleich viel wohler.
- **Mangelnde Vorbereitung.** Bereiten Sie sich sehr gut vor. Vergessen Sie nicht, Informationen über Unternehmen, Stelle, Branche einzuholen. Setzen Sie sich mit einem neuen Tätigkeitsbereich und veränderten Aufgaben auseinander. Fragen Sie Bekannte oder Verwandte, die Ihnen möglicherweise wichtige Tipps geben können. Gehen Sie Fragen durch, die Ihnen Ihr Gegenüber mit Sicherheit stellen wird. Nutzen Sie im digitalen Zeitalter, die Möglichkeit, sich Informationen zu verschaffen. Das Internet ist für einen Informationssuchenden ein »Eldorado«.
- **Kritik an vorherigen Arbeitgebern.** Kritik über die Vergangenheit mit all Ihren Chefs lassen Sie weg. Schauen Sie nach vorne. Denken Sie daran, es ist kein guter Stil, sich im Nachhinein zu beschweren. Man könnte ja den Eindruck gewinnen, dass Sie nachtragend sind und mit Kritik nicht umgehen können. Der neue Chef ist irgendwann auch einmal der alte Chef.
- **Fehlende Motivation und Begeisterung.** Bringen Sie Freude mit. Zeigen Sie Ihrem Gesprächspartner, dass Sie Interesse an einem neuen Aufgabengebiet haben. Stellen Sie Ihre Stärken in den Vordergrund und formulieren Sie positiv. Seien Sie engagiert und machen Sie Ihrem Gegenüber klar, dass Sie ein Gewinn für sein Unternehmen sind, und strahlen Sie das aus. Menschen, deren Beruf eine Berufung ist, sind leider selten geworden. Die Leidenschaft bleibt oft auf der Strecke, und so ist es nicht verwunderlich, dass »Typen« mit Ausstrahlung gesucht sind.
- **Schlechte Ausdrucksweise und rhetorische Defizite.** Üben Sie sich mit Formulierungen. Drücken Sie sich präzise aus. Wenn Sie sich selbst präsentieren, achten Sie besonders auf Ihren sprachlichen Ausdruck. Stellen Sie sich wahrheitsgemäß dar. Arbeiten Sie mit Sprachwitz und zeigen Sie Sprachgewandtheit.
- **Keine oder schlechte Begründungen auf die Frage: Warum haben Sie ...?** Nennen Sie Gründe, warum Sie bestimmte berufliche Entscheidungen getroffen haben. Setzen Sie Beispiele ein und unterstreichen Sie damit, was Sie tatsächlich gemacht haben. Analysieren Sie, warum Sie in Ihrem Aufgabengebiet so erfolgreich sind. Gibt es Kennzahlen, die Ihre beruflichen Erfolge ausdrücken? Denken Sie an Umsätze, Verbesserungen, Kostensenkungen, Erfindungen, Patente und alles, was Ihre Berufstätigkeit ausmacht.

Assessment-Center (AC)

Das Assessment-Center ist ein Verfahren, das während der Weimarer Republik als Offiziersauswahlverfahren konzipiert wurde. In der Wirtschaft wurde ein Assessment-Center zum ersten Mal von der amerikanischen Telefongesellschaft AT&T durchgeführt. Seit Mitte der 70er-Jahre dient es zur Personalauswahl und zur Potenzialanalyse von Fach- und Führungskräften. Wegen seines zeitlichen Umfanges und seiner methodischen Komplexität wird es allerdings meist nur in Großunternehmen eingesetzt.

Zur Durchführung eines Assessment-Centers bei einer Gruppe von sechs bis zwölf Bewerbern werden für ein bis drei Tage sechs Beobachter, meist Führungskräfte höherer Hierarchieebenen, Psychologen oder Personalfachleute, und ein Moderator benötigt.

Das Assessment-Center besteht aus Einzel- und Gruppenübungen, bei denen die Bewerber von den Beobachtern studiert und auf Skalen bewertet werden. Beurteilungstendenzen wie Sympathieeffekte werden durch eine Rotation der Beurteiler reduziert. Das Besondere an einem Assessment-Center ist, dass realistische Situationen aus dem Berufsalltag nachgebildet werden. Das bedeutet natürlich, dass das Verfahren die tatsächlichen Anforderungen eines speziellen Arbeitsplatzes in einem bestimmten Unternehmen abbilden muss. Somit muss ein Assessment-Center für jede Auswahlentscheidung an die Stelle angepasst oder neu konzipiert werden.

INFO

Mögliche Übungen

- Vorträge: Selbst- oder Partnervorstellung, Präsentation, Stegreifrede.
- Gruppendiskussionen mit oder ohne Rollenvorgabe.
- Rollenspiele: Verkaufsgespräche, Führungssituationen etc.
- Interviews, Vorstellungsgespräche.
- Wirtschaftssimulationen, Planspiele oder Fallstudien als Einzel- oder Gruppenaufgabe möglicherweise auch als Computerverfahren.
- Eignungstests.
- Planungs-, Entscheidungs- oder Organisationsaufgaben.
- Konstruktionsübungen.

Als Teil eines Assessment-Centers oder als eigenständiges Verfahren können auch psychologische Eignungstests durchgeführt werden. Nähere Informationen zu diesem Thema haben wir im Internet für Sie unter **www.komquadrat.de, www.einzigartigbewerben.de** oder **www.beltz.de/buecher/einzigartig-bewerben.htm** zum Download zusammengestellt.

In einer abschließenden Beobachterrunde werden die Beobachtungsurteile der einzelnen Beobachter zusammengetragen und zu einem Gesamturteil zusammengefasst. Danach sollte jeder Bewerber ein persönliches Feedback erhalten.

Auf ein Assessment-Center sollte sich jeder Bewerber intensiv vorbereiten. Sie sollten sich klarmachen, was auf Sie zukommen kann. Im Vergleich zu einem Vorstellungsgespräch oder auch psychologischen Eignungstests finden Sie im Assessment-Center eine ganz besondere Situation vor. Sie stehen in unmittelbarer Konkurrenz zu mehreren anderen Bewerbern, jeder Fehler, den andere machen, ist Ihr Vorteil.

In dieser Situation entstehen leicht Konflikte und Feindseligkeiten. Auch durch seine lange Dauer kann ein Assessment-Center zusätzlichen Druck und Stress erzeugen. Bewahren Sie in dieser Situation die Ruhe und finden Sie ein angemessenes Gleichgewicht zwischen Durchsetzungsvermögen und kooperativem Verhalten. Außerdem müssen Sie damit rechnen, dass Sie nicht in jeder Übung gleich gut abschneiden. Angesichts der Vielzahl der Anforderungen werden Ihnen nicht alle Aufgaben gleichermaßen liegen. Manchmal werden Sie bei den Besten sein, dann wieder im Mittelfeld. Akzeptieren Sie das als normal. Jeder Mensch hat Stärken und Schwächen; das gilt nicht nur Sie, sondern auch für die anderen Bewerber. Versuchen Sie erst gar nicht, ein Schauspiel aufzuführen. Was in einem Vorstellungsgespräch schon kaum möglich ist, ist in einem Assessment-Center völlig unmöglich. Einen ganzen oder sogar mehrere Tage werden Sie eine Fassade kaum aufrechterhalten können.

Jedem Unternehmen bleibt es natürlich selbst überlassen diese oder andere, auch selbst entwickelte Auswahlverfahren einzusetzen, solange die rechtlichen Grundlagen beachtet werden. Weitere Methoden sind zum Beispiel grafologische Gutachten, Arbeitsproben (im künstlerischen Bereich üblich) oder das Einholen von Referenzen.

Die zehn Gebote der Bewerbung

1. **Vorbereitung statt blindem Aktionismus!** Arbeiten Sie sorgfältig heraus wer sie sind, was Sie können und wollen, bei wem und wie Sie sich bewerben möchten.
2. **Bewerben ist ein Prozess – nichts ist endgültig!** Haben Sie den Mut für Neues in Bezug auf Gestaltung, Inhalt, Strategie und Medium, insbesondere wenn Sie Absagen erhalten haben.
3. **Lassen Sie »Versuchsballons« steigen.** Wenn Sie etwas Neues wagen, dann testen Sie es, bevor Sie sich damit für Ihren »Lieblingsjob« bewerben.
4. **Bewerbungen sind Unikate.** Individualität, Qualität und Einzigartigkeit siegt – nur so heben Sie sich von der Masse ab.
5. **Bewerben ist Arbeit.** Eine gründliche Auseinandersetzung mit sich selbst und gutes Formulieren benötigen Zeit und Energie.
6. **Weniger ist mehr!** Schreiben Sie lieber eine Bewerbung weniger, aber perfektionieren Sie die Bewerbungen, die Sie abschicken.
7. **Sich bewerben heißt für sich werben.** Ihre Arbeitskraft, Ihr Wissen und Ihre Erfahrung sind Ihr »Produkt«, das Sie Ihrem Kunden anbieten. Haben Sie bei Ihrer Argumentation immer den Nutzen Ihres »Kunden« im Auge.
8. **Schlüpfen Sie in die Rolle des Personalchefs.** Prüfen Sie kritisch: Würde ich mich mit dieser Bewerbung einstellen?
9. **Geduld ist eine Tugend.** Viele Unternehmen lassen sich viel Zeit. Haben Sie keine Angst vor einem Telefonat.
10. **Glauben Sie an sich!** Nicht Frustration, sondern eine »Jetzt erst Recht«-Haltung ist gefragt.

Bewerben ist keine Glaubensfrage, sondern eine intensive Auseinandersetzung mit sich und neuen Arbeitgebern, die mit viel Mühen verbunden ist. Wir wünschen auf diesem Weg viel Erfolg beim Bewerben und einen guten Start am neuen Arbeitsplatz.

Zu Fragen, Anregungen, Tipps und Einzelcoachings rund um die Bewerbung stehen wir Ihnen gerne als kompetente Ansprechpartner zur Verfügung. Nehmen Sie Kontakt mit uns auf:

KOM² GmbH
Agentur für Kompetenzentwicklung
info@KOMquadrat.de
www.komquadrat .de
www.einzigartig-bewerben.de

Bei Vorlage dieses Buches erhalten Sie einen Rabatt auf ein Karriere-Seminar von KOM². Nähere Informationen können Sie auf www.einzigartig-bewerben.de nachlesen.

Die Beiträge in diesem Buch sind sorgfältig recherchiert und entsprechen dem aktuellen Stand am 01.01.2006. Abweichungen beispielsweise durch seit der Drucklegung geänderte Preise oder www-Adressen können aber nicht ausgeschlossen werden. Weder der Autor noch der Verlag können für eventuelle Schäden, die aus den im Buch gegebenen praktischen Hinweisen resultieren, eine Haftung übernehmen.